安徽省一流教材建设项目资助

煤层气抽采理论与技术

主　编　蔡　峰
副主编　冯飞胜　郝元伟
　　　　范加锋　封居强

中国矿业大学出版社
·徐州·

内 容 简 介

本书在系统讲解煤层气抽采相关理论的基础上，从地面抽采和井下抽采两方面系统讲解了煤层气开采和储层改造增产技术工艺。本书主要针对安全工程、煤及煤层气工程、矿业工程、地质工程等专业本科和研究生教学而编写，亦可作为生产、科研单位煤层气开采和瓦斯治理领域有关人员的重要参考书。

图书在版编目(CIP)数据

煤层气抽采理论与技术 / 蔡峰主编. — 徐州 ：中国矿业大学出版社，2024. 11. — ISBN 978 - 7 - 5646 - 6549 - 4

Ⅰ. P618.11

中国国家版本馆 CIP 数据核字第 20241KE632 号

书　　名　煤层气抽采理论与技术
主　　编　蔡　峰
责任编辑　赵朋举
出版发行　中国矿业大学出版社有限责任公司
（江苏省徐州市解放南路　邮编 221008）
营销热线　(0516)83885370　83884103
出版服务　(0516)83995789　83884920
网　　址　http://www.cumtp.com　**E-mail**:cumtpvip@cumtp.com
印　　刷　江苏淮阴新华印务有限公司
开　　本　787 mm×1092 mm　1/16　**印张** 9.25　**字数** 237 千字
版次印次　2024 年 11 月第 1 版　2024 年 11 月第 1 次印刷
定　　价　41.00 元

前　言

本书受安徽省一流教材建设项目资助，主要针对安全工程、煤及煤层气工程、矿业工程、地质工程等专业本科和研究生教学而编写。本教材亦可作为生产、科研单位煤层气开采和瓦斯治理领域有关人员的重要参考书。

本教材的编写本着加强基础、培养能力、追踪学科前沿和突出煤矿安全特色的原则，明确了煤层气相关名词定义，在系统讲解煤层气抽采相关理论的基础上，从地面抽采和井下抽采两方面系统讲解了煤层气开采和储层改造增产技术工艺，并以此为主线指导全书内容的取材、编排和撰写。

本书介绍了煤层气赋存与流动理论、煤层气相关参数测定方法、煤层气卸压开采理论与技术、煤层气地面钻井抽采、煤层井下强化增透技术、储层增产改造工艺与技术等方面的内容。

本书由安徽理工大学蔡峰教授任主编，安徽理工大学冯飞胜、郝元伟、范加锋与淮南师范学院封居强任副主编。本书内容共分 7 章。第 1 章、第 7 章由蔡峰编写；第 2 章由冯飞胜编写；第 3 章、第 4 章由郝元伟编写；第 5 章由范加锋编写；第 6 章由封居强编写。全书由蔡峰统稿、定稿。

由于编者水平所限，书中欠妥之处敬请读者批评指正。

编　者

2024 年 10 月

目 录

1 绪　论

1.1 煤层气的定义

煤层气俗称煤层甲烷或煤矿瓦斯，是地史时期煤中有机质在煤化作用过程中生成的，赋存于煤层及其围岩中的与煤共伴生的自生自储的以吸附态为主的非常规天然气。它是以吸附在煤基质颗粒表面为主、部分游离于煤孔隙中或溶解于煤层水中的烃类气体。煤层气的组成一般以甲烷(CH_4)为主，还有二氧化碳(CO_2)、氮气(N_2)等空气组分和一氧化碳(CO)、二氧化硫(SO_2)等气体组分，以及氦气、氡气等稀有气体，也可以说煤层气是气体化合物与气体元素组成的混合体。

目前，我国关于煤层气定义的说法有 3 种：

(1) 煤矿瓦斯。煤炭行业将煤层气定义为煤的共伴生资源，通常称为“煤矿瓦斯”，主要依据是煤层气的成因、赋存特点和资源价值。

(2) 非常规天然气。石油天然气工业认为煤层气资源的气体组分甲烷与常规天然气相同，所以将煤层气称为“非常规天然气”，主要依据是煤层气独特的赋存状态、非常规储层和特有的产出机理。

(3) 煤层气。自然资源部门认为煤层气是赋存于煤层中的独立的矿产资源，通常称为“煤层气”，主要依据是把煤层气作为一种独立的矿种，与煤炭、石油等同。

1.2 煤层气的成因

煤层气的成因可分为生物成因和热成因 2 种。

(1) 生物成因气是由各类微生物的一系列复杂作用过程导致有机质发生降解而形成的。生物成因气形成于煤化作用早期阶段以及煤层形成以后的构造抬升阶段。

早期生物成因气形成于泥炭～褐煤阶段，由于埋藏浅、温度低，热力作用尚不足以使有机质结构变化产生气体。在此阶段，有机质成分与结构的变化主要通过各类微生物参与下的生物化学反应实现。以 CH_4 为主要成分的生物成因气，主要是在泥炭沼泽环境中通过微生物对有机质的分解作用而形成的。由于埋藏浅，原生生物气在煤层中保存甚少，不是煤层气的主要勘探对象。

在煤层后期抬升阶段，煤层中温度等环境条件又适宜微生物生存。这些微生物主要通过位于补给区的煤层露头由大气降水带入，在相对低温(56 ℃)条件下代谢湿气、正烷烃和其他有机化合物，生成 CH_4 和 CO_2。

次生生物成因气的形成，对煤层气勘探和生产具有重要意义。在美国圣胡安盆地煤层气勘探开发中，首次揭示出次生生物成因气的存在，之后在其他盆地也证实该类气体的存在，而且可出现在亚烟煤、低挥发分烟煤和较高煤阶的煤层中。

(2) 从烃源岩的角度，可将煤阶演化分为低成热阶段（泥岩～褐煤）、成热阶段（长焰煤～瘦煤）和高成热阶段（贫煤～无烟煤）。

在低成热阶段主要形成生物气。

成热阶段在热力作用下，有机质中各种官能团和侧链分别按活化能的大小依次发生分解，转化为具有不同分子结构的烃类。

高成热阶段由于有机质芳香结构的大部分烷烃支链在成热阶段已消耗，化学反应由裂解为主转为芳香核之间的缩合为主，并由此产生大量 CH_4 气体。

综上所述，在整个煤的热演化过程中，各阶段都能形成 CH_4。虽然在长焰煤～肥煤阶段可产生一定量液态烃，但后来随演化程度的增高，又裂解为以 CH_4 为主的气态烃。因此，CH_4 是煤化过程中最主要的烃类产物。

1.3 煤层气储存及开采现状

在长期的煤炭开采过程中，煤层气（瓦斯）被视为有害气体，部分高瓦斯矿井进行井下抽放，但并未从资源的角度加以开发和利用。目前已测得全球浅埋于 2 000 m 的煤层气资源量约为 2.4×10^6 亿 m^3，是常规天然气探明储量的 2 倍多。世界上有 74 个国家蕴藏着煤层气资源。我国煤层气资源量约为 3.68×10^5 亿 m^3，与陆地上常规天然气资源量相当，仅次于俄罗斯和加拿大，居世界第 3 位，可采资源量约为 1.0×10^5 亿 m^3。全国 95%的煤层气资源分布在晋陕内蒙古、新疆、冀豫皖和云贵川渝 4 个含气区，其中晋陕内蒙古含气区煤层气资源量最大，为 1.725×10^5 亿 m^3，占全国煤层气总资源量的 50%左右。我国每年在采煤的同时排放煤层气约 200 亿 m^3，折合 2 600 万 t 标准煤，每年可发电 600 亿 kW · h，相当于三峡水电站一年的发电量，可减少二氧化碳排放 70 多万吨，相当于 20 多万辆汽车一年的尾气排放；但煤矿瓦斯抽采利用率仅有 31%，造成资源浪费，环境污染。从发展历程上讲，我国煤层气利用始于 20 世纪 70 年代末。2005 年地面煤层气产能实现零的突破，2007 年达到 3.2 亿 m^3，2008 年形成地面煤层气产能约 15 亿 m^3，煤层气平均年产量在“十一五”、“十二五”和“十三五”期间分别为 7 亿 m^3、16 亿 m^3 和 48 亿 m^3，到 2021 年煤层气产量达到 104.7 亿 m^3，初步突显了我国煤层气资源开发的潜力。2016 年，《巴黎协定》正式生效，我国力争在 2030 年和 2060 年前分别实现“碳达峰”和“碳中和”目标，但是基于我国“富煤、贫油、少气”的能源资源禀赋特点，并且我国正处于高速发展阶段，对能源的需求日益增加，因此快速发展清洁的煤层气资源变得越来越迫切。

1.4 煤层气开采意义

煤层气的开发利用之所以备受重视，是由于具备下列三方面的意义。

(1) 洁净替代能源。进入 21 世纪以来，随着我国经济飞速发展，社会对能源的需求不断增长。根据相关调查统计，煤炭作为我国主体能源的局面将一直持续到 2050 年，能源短缺将是未来几十年我国持续面对的困境。而煤层气作为我国广泛分布的大储量资源，储量之丰富位列世界前茅。因此加大对煤层气资源开发利用是优化我国能源结构、促进社会稳定发展的有效手段。

(2) 减灾防灾。长期以来,煤层气一直影响煤矿安全生产。瓦斯爆炸与突出不仅给企业带来了巨大经济损失,而且造成严重人员伤亡。煤层气的地面开发预抽出赋存在煤层中的瓦斯,可有效地减少或杜绝煤矿生产过程中的瓦斯灾害。

(3) 环境保护。甲烷是大气中主要的温室气体之一,对红外线的吸收能力极强,其温室效应是二氧化碳的25～30倍。过去300年来,大气中甲烷浓度已增加1倍。仅煤矿开采过程中甲烷的排放量就占从所有化石燃料中排放出的甲烷量的1/2,可见煤层气的合理开发利用可有效地减轻温室效应。此外,我国能源构成中煤炭作为主要能源,其在燃烧时产生的CO_2等温室气体远多于石油、天然气等,因此我国大气环境长期以来形势严峻,开发利用煤层气有助于缓解这一窘境,实现节能减排的目标。

1.5 煤层气开采方式

煤层气的开发利用一般有2种方式:一是煤矿井下抽采;二是地面开采。煤矿井下抽采是在煤炭开采前、开采过程中或开采之后(采空区)进行本煤层、邻近层、采动区负压抽采,在世界范围内均较为成熟。地面开采是美国20世纪80年代试验成功的类似常规油气的开采方式,是一种典型的规模化开发技术,从而使得煤层气产量取得突破性增长。美国探索成功的欠平衡钻井洞穴完井技术、多分支羽状水平井技术,澳大利亚开发成功的低成本U型井技术、V型井技术等,都有力地推动了煤层气地面开发技术的发展。我国积极引进、消化吸收国外先进的煤层气地面开发技术,截至2020年年底,地面井开发煤层气产量约为57.57亿m^3,占当年全国天然气总产量的3.07%,可见我国地面开采技术正处于起步发展阶段。

我国煤层气资源十分丰富,但其勘探开发和地面开采还处于起步阶段,合理地利用这一资源的关键就是完善煤层气的勘探、钻井、完井及开采技术。

2 煤层气赋存与流动理论

2.1 煤层气的赋存

煤是植物遗体经过生物化学作用，又经过物理化学作用转变成的沉积有机矿产，是多种高分子化合物和矿物质组成的混合物，是极其重要的能源和工业原料。煤在形成过程中，同时形成了一系列的副产品，包括水和甲烷。这些甲烷大部分运移出煤层外，只有少部分残留在煤层中。残留在煤层中的甲烷只有少量以游离态存在，而大部分以单分子层的形式吸附在煤基质的内表面。由于煤的内表面积非常大，每吨煤在 10×10^8 m^2 以上，而且单分子层中甲烷分子排列十分紧密，因此，煤层中赋存有大量的甲烷。据测定，在沁水盆地的无烟煤中，甲烷的含量一般为 8～25 m^3/t，最高可达 37 m^3/t，因此，煤是一种极具潜力的储层，比相同体积的常规砂岩储层储气能力要高，如深度为 1 000 m、质量中等的煤层，其储气能力与孔隙率为 30%、含水饱和度为 0 的砂岩相当。而煤不仅是煤层气的储层，还是煤层气的源岩。随着从泥炭到无烟煤的转化，煤化程度升高，每吨煤能生成 50～300 m^3 的甲烷，形成的甲烷量远远超过了煤层所能积聚甲烷的能力，过量的甲烷气将运移到上覆岩层中。

煤中煤层气的赋存状态一般有吸附状态和游离状态 2 种。固体表面的吸附作用可以分为物理吸附和化学吸附 2 种类型，煤对煤层气的吸附作用是物理吸附，是煤层气分子和碳分子间相互吸引的结果，如图 2-1 所示。在被吸附煤层气中，通常又将进入煤体内部的煤层气称为吸收煤层气，把附着在煤体表面的煤层气称为吸着煤层气，吸收煤层气和吸着煤层气统称为吸附煤层气。在煤层赋存的煤层气量中，通常吸附煤层气量占 80%～90%，游离煤层气量占 10%～20%；在吸附煤层气量中又以煤体表面吸着的煤层气量占多数。

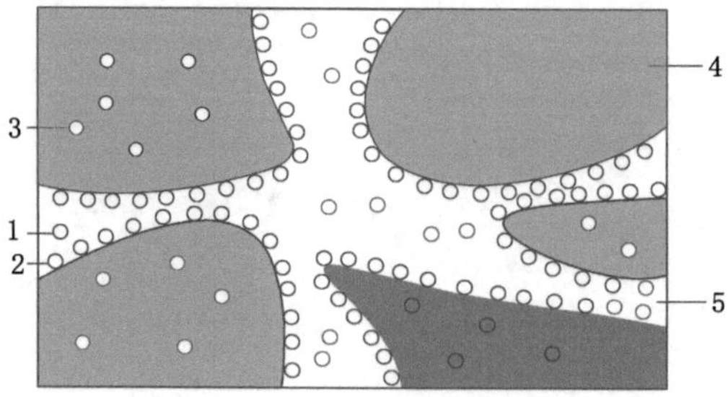

1—游离煤层气；2—吸着煤层气；3—吸收煤层气；4—煤体；5—煤中孔隙。

图 2-1 煤体中煤层气赋存状态

在煤体中，吸附煤层气和游离煤层气在外界条件不变的条件下处于动平衡状态，吸附状态的煤层气分子和游离状态的煤层气分子处于不断的交换之中；当外界的煤层气压力和温度发生变化或给予冲击和振荡、影响了分子的能量时，则会破坏其动平衡，而产生新的平衡状态。因此可以认为，由于煤层气吸附分子和游离分子是在不断的交换之中，在煤层气缓慢的流动过程中，不存在游离煤层气易放散、吸附煤层气不易放散的问题；但是，在突出过程的短暂时间内，游离煤层气会首先放散，然后吸附煤层气迅速加以补充。

近年来，随着分析测试技术的不断发展，有关学者采用 X 射线衍射分析等技术对煤体进行观察分析后认为，煤体内煤层气的赋存状态不仅有吸附（固态）和游离（气态）状态，而且还包含煤层气的液态和固溶体状态；但是，总的来说，由于吸附（固态）和游离（气态）状态煤层气所占的比例在 85%以上，在正常情况下，整体所表现出来的仍是吸附和游离状态的煤层气特征，因此，其和传统的观点并没有矛盾，只是分析测试更加深入而已。

2.2　煤储层的物质结构和孔裂隙结构

2.2.1　煤储层的物质构成

煤是具有分子筛结构的微孔状固体，其内部微孔隙中充满了煤化作用过程中形成的气、液态流动相。因此，广义上讲，煤是固体相和流动相的组合，流动相主要为分散的"小分子"物质，包括气体及内在水分。这些小分子物质呈吸附状态存在于煤基质的微-大孔隙表面。尽管目前对煤的大分子格架与小分子化合物的化学构成、数量关系、存在状态、作用方式等尚缺乏全面的认识，但煤的两相结构观点已得到多数学者的认同。

这种划分方法将有机质分为基质部分与小分子部分，基质部分指复杂的三维空间碳芳香格架，小分子部分指以物理吸附或弱键与煤结构相连的小分子部分，此处使用"小分子部分"而非"流动相"，以避免与核磁共振分析中流动相的概念（指分子结构中具有高度振动或旋转流动性的组分）相混淆。

小分子部分又可进一步分为强键结合部分和松散结合部分，前者不能在煤结构中自由运动，后者能自由进出煤结构，主要为 CH_4、CO_2 和 H_2O 等。

在将煤作为煤层气的源岩与储层进行研究时，煤组成的双组分模式具有重要实用价值。但值得提出的是，无论是大分子基质还是小分子部分，在煤化作用过程中其成分都在发生变化。例如，小分子部分在低煤阶时主要是水，在中煤阶时主要是油和沥青，而在高煤阶时则主要为 CH_4 和 H_2O，而现今保留在煤结构里的是它们的混合物。此外，鉴于煤化学结构的复杂性，这种分类在一定程度上是模式化的，事实上，煤结构中从小分子（如 CH_4、H_2O 等）到大分子基质是连续变化的。所以，煤不仅具有成烃的物质基础，而且具有容纳烃类物质的空间。

煤在演化过程中生成大量的气体，这些气体的一部分保留在煤层中，煤层中的孔隙和裂隙为煤层气的赋存提供了空间，也为其运移提供了通道。因此，煤既是煤层气的源岩，又是煤层气的储层。煤能否成为好的源岩和储层，则主要取决于煤化作用程度，煤化作用过程中物理性质（孔隙率、渗透性）的变化影响烃类气体的赋存和运移，而烃类气体的产生则取决于煤化作用过程中的化学反应。

2.2.1.1 固态物质组成

固态有机质加上矿物质共同构成煤的固体骨架。煤的固态物质组成特性，影响煤储层储气空间的发育，且与煤的吸附-解吸性能密切相关，还会影响煤储层的渗透性和工程力学特征。

（1）宏观煤岩组成。煤有3种成因类型：一是主要来源于高等陆生植物的腐植煤；二是主要由低等浮游生物形成的腐泥煤；三是介于二者之间的腐植腐泥煤。自然界中以腐植煤为主，腐植煤也是煤层气赋存的主要煤储层类型。

宏观煤岩组分是肉眼可以区分的煤的基本单元组成，按照国际煤岩学会的定义，宏观煤岩组分包括镜煤、丝炭、亮煤和暗煤。镜煤和丝炭是简单煤岩成分；亮煤和暗煤是由简单煤岩类型组合而成的复杂煤岩成分；镜煤和亮煤是光亮煤岩成分；丝炭和暗煤是暗淡煤岩成分。宏观煤岩组分的组合，构成了不同的宏观煤岩类型。

（2）显微煤岩组成。显微煤岩组成分为显微组分和矿物质。显微组分是指在光学显微镜下能够识别的煤的基本有机组分。依照国际通行标准，硬煤（烟煤和无烟煤）的显微组分被划分为镜质组、惰质组和壳质组3个显微分组。无机矿物质主要为黏土类和硫化物类，其次为碳酸盐类、氧化硅类等，煤中矿物质种类、含量、赋存形式等直接关系到煤储层含气量、裂隙发育特征和力学性质，对煤层气开采影响显著。

（3）煤的大分子结构。煤中有机大分子的基本化学结构为芳香环，缩合形成缩合芳环，缩合芳环结合形成平面碳网，平面碳网在垂向上叠加构成芳香稠环或芳核。煤阶增高，平面碳网中的芳环数增多，层面间距减小，基本结构单元的堆砌度增大。不同煤化作用阶段的主导地球化学机制不同，由此控制了煤化学结构和物理结构的阶段性演化。

2.2.1.2 液态物质组成

煤储层中液态物质包括裂隙、大孔隙中的自由水（油）及煤基质中的束缚水。从地下水渗流的角度，按水的结构形态、重力 p_r 与分子引力 p_m 的关系、水与围岩颗粒的作用力，可将煤层中的水分划分为结合水和液态水，见表2-1。

表2-1 煤层中水的分类

水的类型	结构形态	p_r 与 p_m 的关系	水与围岩颗粒的作用力
结合水	强结合水（吸着水）	$p_r < p_m$	物理化学
	弱结合水（薄膜水）		
液态水	毛细水	$p_r > p_m$	物理力学
	重力水		

强结合水是指在静电引力和氢键联结力作用下，牢固地吸附于煤基质表面的水分子。强结合水具有高黏度和高抗剪强度，几乎不受温度影响。

弱结合水处于强结合水的外层，受到固相表面的引力比强结合水弱，但仍然受到范德瓦耳斯力和强结合水最外层水分子的静电引力的合力影响。

毛细水是在固（煤基质块）、液、气三相界面上发生毛细现象的水。

重力水是指距离煤体表面更远的那部分水分子，受煤体表面吸引力较小，受重力影响更大，水能在自身重力作用下发生运动。

显然，随着结合水饱和度增高，煤储层排水降压难度增大。

2.2.1.3　气态物质组成

煤储层中赋存的气态物质就是煤层气，主要化学组分为甲烷，在煤储层中的赋存方式有游离态、吸附态和溶解态 3 种状态。不同赋存状态的甲烷所占的比例取决于煤储层孔隙-裂隙系统、煤大分子结构缺陷、煤吸附能力等。通常，游离态甲烷占甲烷总量的 8%～12%，多数的甲烷吸附在煤储层裂隙-孔隙表面，或与芳香层缺陷的不饱和共价键相结合，吸附甲烷需要解吸或置换才能开采出来。

2.2.2　煤储层的孔裂隙结构

煤岩是一种以固定碳为主的双孔隙(基质孔隙和裂隙)有机岩体，且有自身独特的割理(及天然裂隙)系统，基质孔隙和裂隙的大小、形态、孔隙率和连通性等决定了煤层气的储集、运移和产出。因此，认识煤中的孔隙和裂隙，对煤层气的勘探开发至关重要。

在原始地层条件下，煤层孔隙、裂隙中的流体处于一种相对稳定的平衡状态，煤层甲烷主要以物理吸附状态储存于煤岩之中。作为一种有机储层，必须具备一定的孔隙和足够大的比表面积，才能有效储存煤层气，同时又必须具备一定的、相互连通的裂隙，才能使煤层气有效产出。除了煤岩的外表面吸附甲烷外，煤岩体内部吸附的甲烷更多。连续不断地排水将使煤储层中的压力持续下降，当煤储层中的孔隙、裂隙压力低于甲烷的临界解吸压力时，在压力差、浓度差和相关条件的共同作用下，煤层甲烷便从煤岩表面解吸出来，扩散并运移到煤层裂隙中，最终以游离气的方式，通过井筒采至地面。

2.2.2.1　煤储层宏观裂隙

煤中自然形成的裂隙，往往呈多组出现，组成多个裂隙体系，对煤层气的运移和产出起决定作用。这些裂隙把煤体切割成一系列形态各异的基质单元，称为基质块，基质块中所含的没有被有机质和矿物质充填的微孔隙称为基质孔隙，它对煤层气的储存有重要的意义。

煤储层裂隙是在煤化作用过程中由于垂向压力、脱水作用和构造应力综合作用形成的。煤储层中宏观裂隙可分为大裂隙、中裂隙、小裂隙和微裂隙等 4 级。宏观裂隙类型及其特征见表 2-2。

表 2-2　宏观裂隙类型及其特征

级别	宽度	长度	密度	切割性	成因
大裂隙	数分米至数米	数十米至数百米	每米数条	切穿整个煤层甚至顶底板	外应力
中裂隙	数厘米至数分米	数米	每米数十条	切穿几个宏观煤岩类型分层	
小裂隙	数毫米至数分米	数分米至 1 m	每米数十至 200 条	切穿一个宏观煤岩类型分层，一般垂直于层理分布	综合作用
微裂隙	数毫米	数厘米	每米 200～500 条	局限于一个宏观煤岩类型分层中，垂直于层理面	内应力

根据裂隙形成时的受力状态，可将宏观裂隙分成 3 类：一是张性裂隙，张应力超过煤岩抗拉强度时产生，不受剪应力作用，裂隙面粗糙不平；二是张性剪裂隙，破裂时裂隙面既承受拉应力，又承受剪应力；三是压性剪裂隙，破裂时裂隙面既承受压应力，又承受较大的剪应力，裂隙面平直光滑。

大裂隙往往与附近断层相伴生，正断层发育地区多为张性裂隙或张性剪裂隙，逆断层发育地区多为压性剪裂隙。

2.2.2.2 煤中孔隙

煤中孔隙是指煤基质块中未被固体物充填的空间，煤的孔隙结构是研究煤层气赋存状态、气-水介质与煤基质间相互作用及煤层气解吸-扩散-渗流的重要基础。

张慧以显微煤岩组分和煤的变质变形特征为基础，基于扫描电镜观察结果，根据成因类型将煤孔隙划分为 4 大类，见表 2-3。

表 2-3 煤中孔隙类型和成因

类型		成因
原生孔	胞腔孔	成煤植物本身具有的细胞结构
	屑间孔	镜屑体、惰屑体、壳屑体等碎屑状颗粒间的孔隙
变质孔	链间孔	凝胶化物质在变质作用下缩聚形成的链间孔隙
	气孔	变质过程中由生气和聚气作用形成的孔隙
外生孔	角砾孔	煤受构造应力破坏形成的角砾之间的孔隙
	碎砾孔	煤受构造应力破坏形成的碎砾之间的孔隙
	摩擦孔	压应力作用下面与面之间因摩擦形成的孔隙
矿物质孔	铸模孔	煤中矿物质在有机质中因硬度差异铸成的印坑
	溶蚀孔	可溶性矿物质在气、水作用下溶蚀形成的孔隙
	晶间孔	矿物晶粒之间的孔隙

煤基质中孔隙的类型及特征见表 2-4。

表 2-4 煤基质中孔隙的类型(级别)及特征

类型	孔径/nm	孔隙结构特征	油气储集和运移	气体扩散孔隙类型
1	>1 000	以管状、板状为主	易于液态烃、气态烃储集和运移，排驱效果好	气体容积型扩散孔隙
2	1 000～100	板状、管状为主，间有不平行板状	易于液态和气态烃的储集和运移	
3	100～10	不平行板状为主，有部分墨水瓶状	易于气体储集，但不利于重烃气体的运移	气体分子型扩散孔隙
4	<10	较多墨水瓶和不平行板状毛细管孔	气体能储集但不利于运移	

孔容和孔表面积是孔隙的重要特征，煤的孔隙结构直接影响煤层气的富集和产出。

2.3 煤层气储集机制

煤储层的含气性是煤储层的基本性质。含气量是煤层气资源量计算的基础数据，是合理的煤层气勘探开发方案制定的关键。准确确定含气量和查明含气量的控制因素受到人们的重视，但到目前为止，还没有一个统一的关于煤层气含量测试的国际标准，为大多数人接受的是美国矿业局的直接测定法。目前，我国煤田勘探和煤矿系统普遍采用的标准是《地勘时期煤层瓦斯含量测定方法》（AQ 1046—2007），而煤层气系统采用的标准是《煤层气含量测定方法》（GB/T 19559—2021）。采用直接法测定时，煤层气含量由逸散气、解吸气和残余气 3 部分组成。

从钻头钻遇煤层，到煤样装入样品罐密封好，这一过程中解吸出的气体称为逸散气。这部分气体无法直接测得，可通过计算求得。逸散气的体积取决于钻揭煤层到把煤样密封于解吸罐的时间、煤的物理特性、钻液特性、水饱和度和游离态气体含量。缩短取心时间是准确计算逸散气的有效途径之一。不同物理特性的煤具有不同的解吸速率，如：碎裂煤由于扩散距离短造成逸散气体积大；钻液的相对密度较大时对于煤层气的逸散有阻滞作用；如果煤储层被水饱和，游离态煤层气含量低，则逸散气体积小，而如果煤储层未被水饱和，游离态煤层气含量高，则逸散气体积较大。

在正常大气压和储层温度下，将煤样放入样品罐后，解吸释放出的气体称为解吸气。解吸过程在解吸速率一周内平均每天小于 10 cm^3 时终止。这部分气体是由实验室直接测得的。

煤样经充分解吸后仍残留在微孔隙中的气体称为残余气，可在样品充分粉碎后测得。残余气可能是由于气体扩散速率极低，或者是在一个大气压下煤层气处于吸附平衡状态而不再解吸所致。根据 Diamond 对美国 1 500 个煤样的统计，残余气体积可占总含气量的 40%～50%，尤其在低煤阶煤中所占比例较高，而中高变质烟煤的残余气仅占总含气量的 10%以下。但在我国，多数高煤阶煤中的残余气所占比例较大，这是由于高煤阶煤的吸附能力强，在大气压下吸附的气体量大所致。在煤层气开发中不能忽略残余气的含量，因为这部分气体是不可回收的。

煤储层中的气体是游离态、吸附态和溶解态的平衡体系。

2.3.1 游离态煤层气储集机制

煤基质孔隙和裂隙中有一部分自由气体，称为游离气体，可以自由运移。

理想气体状态方程为：

$$pV = nRT \tag{2-1}$$

式中 p——气体压强，Pa；

V——气体体积，m^3；

n——气体的物质的量，mol；

R——气体常数，J/(mol·K)；

T——体系温度，K。

在系统温度为 500 K(227 ℃)以上、压力为 10^5 Pa 以下时，可以认为体系基本符合理想气体状态方程，否则应引入真实气体修正(压缩)因子对理想气体状态方程进行修正：

$$pV = nRT \cdot Z \tag{2-2}$$

式中 Z——修正因子，其是气体压力和温度的函数。

引入修正因子 Z 来修正理想气体状态方程，描述实际气体性质，是最简便且适用压力范围较广的一种方法。

2.3.2 吸附态煤层气储集机制

煤中煤层气的含量远远超过其自身孔隙的容积，这是因为存在大量以吸附状态赋存的煤层气。煤具有较大的比表面积，对气体具有较强的吸附能力。煤对煤层气的吸附作用是固体与气体间的表面作用，由于煤体表面的分子存在多余的自由引力场，气体分子在煤体表面易被吸附，同时释放吸附热；当气体分子的热运动动能较大足以克服煤体表面引力场作用时，会脱离煤体表面成为游离气体，即解吸。当吸附速率和解吸速率相等时，煤体表面吸附的气体分子会保持在一定数量，达到动态的吸附平衡。吸附平衡状态下煤体吸附的气体量取决于系统的温度和压力，即吸附气体量是系统温度和压力的函数：$V=f(p,T)$。

煤层气吸附量与煤的比表面积及系统的温度和压力有关，该函数关系有 3 种表达方式：

(1) 吸附等温线，恒温条件下测定的不同压力下的气体吸附量；

(2) 吸附等压线，恒压条件下测定的不同温度下的气体吸附量；

(3) 吸附等容线，气体量和体积不变的条件下测定不同温度下的气体压力变化。

煤层气生产实践中吸附等温线最为常用，主要应用于评价煤层对气体的最大吸附能力、预测生产过程中释放气体的最大值和释放速率、确定临界解吸压力、确定气体饱和度等方面。

2.3.3 溶解态煤层气储集机制

煤储层一般含水，在一定压力下会有一部分甲烷气体溶在地下水中成为溶解气体。诞生于 19 世纪初的亨利定律认为某组分气体在溶剂中的溶解度与其所受到的压力存在着一定的关系，其最初表达式为：

$$p_i = H_i \cdot c_i \tag{2-3}$$

式中 p_i——气体组分 i 所受到的压力，MPa；

H_i——气体组分 i 的亨利常数，取决于溶剂、气体成分与温度，MPa；

c_i——气体组分 i 在溶剂中的摩尔分数，mol/mol。

长期以来，人们一直采用亨利定律描述煤层气在水中的溶解度，少数的文献表明，利用美国化学家路易斯提出的新的热力学量——气相逸度和亨利常数可以更加合理地解释气体在水中的溶解现象：

$$f_i = H_i \cdot c_i \tag{2-4}$$

式中 f_i——气体组分 i 的气相逸度，MPa；

H_i——气体组分 i 的亨利常数，MPa；

c_i——气体组分 i 在溶剂中的摩尔分数，mol/mol。

在不同温度、压力和含盐浓度条件下，煤层气在水中的溶解度不同。

2.4 煤层气流动理论

煤层是由宏观裂隙和微观孔隙组成的多孔介质，一般情况下，煤层气以承压状态赋存在煤层中，当开采、掘进、打钻等工作破坏了煤层中原有的压力平衡后，煤层气便会由高压向低压流动。煤层中煤层气的流动是一个复杂过程，它与介质的结构和煤层气的赋存特性密切相关，是气体在多孔介质中的流动。

2.4.1 流动的基本规律

气体在多孔介质中的流动主要包括扩散运动和渗流运动两个方面。在尺寸较大的裂隙系统中，瓦斯运动属于渗流运动，而在孔隙结构的微孔中，则是扩散运动。

2.4.1.1 扩散运动

分子自由运动使得物质由高浓度区域向低浓度区域运移的过程称为扩散运动。扩散运动的速度与该物质的浓度梯度成正比。瓦斯的扩散运动符合菲克定律。

$$J = -D\frac{\partial c}{\partial l} \tag{2-5}$$

式中 J——瓦斯扩散速度，$m^3/(m^2 \cdot s)$；

D——瓦斯扩散系数，m^2/s；

$\frac{\partial c}{\partial l}$——瓦斯沿 l 方向上的浓度梯度，m^{-1}。

2.4.1.2 渗流运动

瓦斯在较大的孔隙和裂隙中的渗流流动过程比较复杂：当雷诺数 $Re<10$ 时，表现为线性层流渗流，其运动规律符合达西定律；当 Re 在 10～100 范围内时，流动为非线性渗流；当 $Re>100$ 时，为紊流流动，流动阻力和流速的平方成正比。为了简化煤层瓦斯流动状态，通常用线性层流渗流来描述瓦斯在煤层中的运移规律，即达西定律：

$$v = -\frac{k}{\mu} \cdot \frac{\partial p}{\partial l} \tag{2-6}$$

式中 v——瓦斯的流速，m/s；

k——煤层的渗透率，m^2；

μ——瓦斯的动力黏度，Pa·s；

$\frac{\partial p}{\partial l}$——瓦斯的压力梯度，Pa/m。

由式(2-6)可知，决定煤层气流速的因素除了瓦斯压力梯度外，还有一个重要因素就是煤层的渗透率。它反映了煤层中孔隙和裂隙的状况，对煤体受到的应力非常敏感。这是因为在外力的作用下，煤体中的孔隙和裂隙发生闭合，会减小煤层的渗透性。煤体吸附瓦斯后，强度降低，塑性增加，加剧了对应力的敏感程度。在矿井采掘过程中，工作空间周围煤体或岩体中的应力场会发生变化，形成卸压带和应力集中带，这些带中瓦斯的渗透性都会发生较大的变化，对瓦斯的运移具有重大影响。

2.4.2 流动的形态

在煤层中开掘巷道后，瓦斯便向巷道中流动，形成一定的流动范围和压力分布，这一范围通常称为流动场。在瓦斯流动场内，瓦斯处于流动状态，具有流向、流速、压力梯度等运动参数。对于煤层中的瓦斯流动场，按巷道在煤层中的空间位置不同可以分为单向流动、径向流动和球向流动 3 种。

2.4.2.1 单向流动

单向流动如图 2-2 所示，在三维空间内只有一个方向有流速，其余两个方向的流速为零。沿煤层开掘的平巷中，当煤层厚度小于巷道高度时，巷道两侧的瓦斯会沿着垂直于巷道轴的方向流动，形成彼此平行、方向相同的网，这就是单向流场。

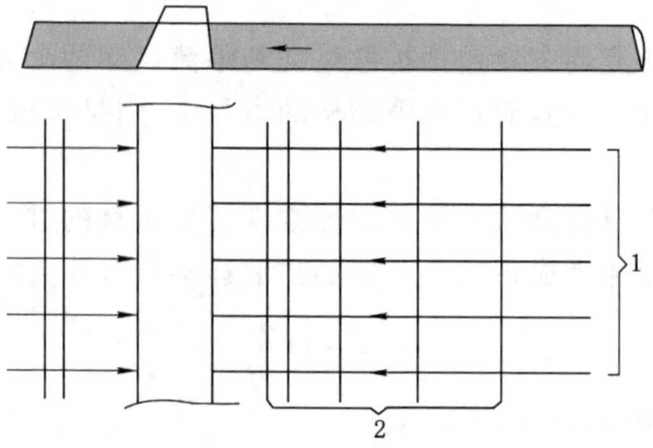

1—瓦斯流动方向;2—瓦斯影响范围。

图 2-2 瓦斯单向流动

2.4.2.2 径向流动

径向流动是平面流动,如图 2-3 所示,瓦斯等压线为一组同心圆,瓦斯沿圆的径向向圆心流动。穿过煤层的钻孔或石门、井筒等,其中的瓦斯流动就是径向流动。

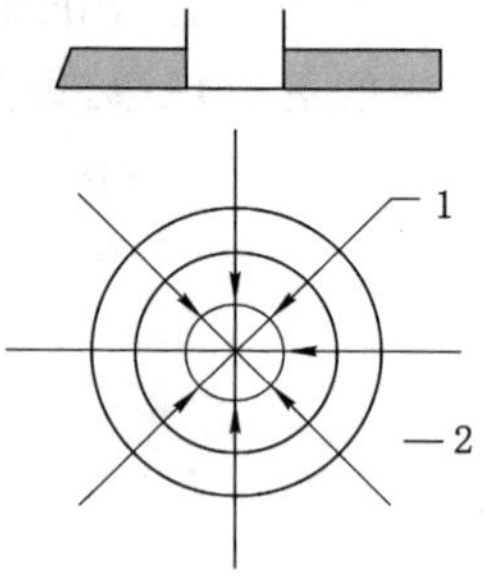

1—瓦斯流动方向;2—瓦斯影响范围。

图 2-3 瓦斯径向流场

2.4.2.3 球向流动

在煤矿井下,属于球向流动的情况较少。球向流动瓦斯等压线为一组同心球,瓦斯沿球的径向流动。石门揭开特厚煤层、特厚煤层中的掘进工作面、煤层中的钻孔孔底及煤块的瓦斯放散等,都可以近似为球向流动。

上述 3 种流动场是典型的基本形式,实际矿井中煤层内瓦斯流动是复杂的,是多种形态的综合,在实际应用时应注意分析具体情况。

2.4.3 流动的稳定性及影响参数

煤层中煤层气流动的参数是随时间变化的。在煤层中开掘巷道或打钻孔对其周围煤层气场的影响也是有一定范围的。在煤层暴露或钻孔钻入的初期,煤层中的煤层气流场变化强烈,属于非稳定流场;随着时间的推移,煤层气压力梯度下降,流量、流速都逐渐减小,这一流场趋于稳定。

煤层内煤层气流动的稳定过程就是煤壁瓦斯涌出速率的稳定过程,这一过程受到多种因素的影响,主要有煤层瓦斯压力梯度、煤层透气性、煤壁外大气压力等,其中最关键的一个因素是煤层的透气性。

衡量煤层透气性的指标是煤层透气性系数，其物理意义是：在 1 m^3 煤体的两侧作用压力平方差为 1 MPa^2 的瓦斯时，通过 1 m 长度的煤壁，在 1 m^2 煤体面积上每天流过的瓦斯量，单位为 $m^2/(MPa^2 \cdot d)$，相当于煤层的渗透率为 2.5×10^{-17} m^2。煤层的透气性系数可依据下式进行测算：

$$v_n=-\frac{k}{2\mu p_n}\frac{dp^2}{dl}=-\lambda\frac{dp^2}{dl},\lambda=\frac{k}{2\mu p_n} \tag{2-7}$$

式中 λ——煤层的透气性系数，$m^2/(MPa^2 \cdot d)$；

p_n——标准状态下的大气压力，0.101 3 MPa；

k——渗透率，m^2；

μ——气体动力黏度，Pa·s；

p——瓦斯压力，Pa；

l——向煤层深部方向的长度自变量，m；

v_n——换算成标准状态下的瓦斯流速，m/d。

我国煤层的透气性系数在很大的范围内变化，透气性较好的如辽宁抚顺龙凤矿，透气性系数达 150 $m^2/(MPa^2 \cdot d)$，而透气性较差的如山西阳泉北头咀村煤矿，只有 0.016 $m^2/(MPa^2 \cdot d)$。透气性对矿井瓦斯抽采的影响较大，透气性好的抽采容易，而透气性差的，则往往必须采取增加煤层透气性的措施，才能达到预期的抽采效果。

煤层的透气性对地应力的作用非常敏感，当煤层压应力降低时，透气性系数会大幅度地增加。在卸压带或裂隙带抽采瓦斯就是利用了这一原理。

2.4.4 采动影响下邻近煤层瓦斯的流动

当开采煤层的顶底板地层中有邻近煤层时，受到本煤层开采的影响，顶底板地层都会发生不同程度的位移和应力的重新分布，在地层中造成大量的裂隙，使邻近煤层中的瓦斯通过这些裂隙涌出到开采空间。这一过程表现最明显的地点是采煤工作面及其采空区，如图 2-4 所示。

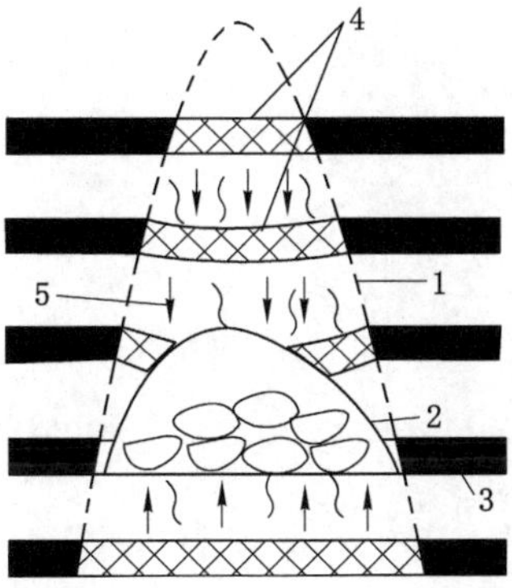

1—卸压圈；2—冒落圈；3—开采煤层；4—邻近煤层；5—瓦斯流向。

图 2-4 邻近煤层的瓦斯流动

在采煤工作面顶板初次垮落后，煤层顶板岩层冒落或破裂变形，在采空区附近形成一个卸压圈。靠近冒落区的邻近煤层有的直接向采空区放散煤层气，而大多数则会通过裂隙向采空区放散煤层气，还有一些煤层需要经过一段时间，裂隙发展到该煤层后才会向开采煤层的采空区放散煤层气。通常,顶板岩层变形区域随时间和空间不断扩大,达到一定范围后停止。底板岩层因上部卸压引起膨胀变形,形成裂隙,沟通下部的邻近煤层,使其向开采空间放散煤层气。开采过程中,由于顶底板地层裂隙的发展往往不是连续的,因此,邻近煤层的煤层气放散也呈现跳跃式的变化。对于具体矿井,应分析开采煤层的具体情况,进行实际测定,才能确定邻近煤层放散到本煤层中的瓦斯状况。

3 煤层气相关参数测定方法

3.1 煤层气含量

煤层的瓦斯含量是指单位质量或体积的煤体中所含有的瓦斯量，也就是吸附和游离2种状态下瓦斯量的总和，即

$$X = X_y + X_x \tag{3-1}$$

式中 X——煤的瓦斯含量，m^3/t；

X_y——煤的游离瓦斯含量，m^3/t；

X_x——煤的吸附瓦斯含量，m^3/t。

3.1.1 煤的游离瓦斯含量

一般情况下，煤的游离瓦斯含量是按气体状态方程（马略特定律）进行计算的，即

$$X_y = \frac{VpT_0}{Tp_0\varepsilon} \tag{3-2}$$

式中 X_y——煤的游离瓦斯含量，m^3/t；

V——单位质量煤的孔隙容积，m^3/t；

p——瓦斯压力，MPa；

T_0、p_0——标准状态下的绝对温度、压力，273 K、0.101 325 MPa；

T——瓦斯的绝对温度，$T=273+t$，K；

t——瓦斯的摄氏温度，℃；

ε——瓦斯压缩系数，甲烷的压缩系数见表 3-1。

表 3-1 甲烷气体压缩系数 ε

甲烷压力/MPa	压缩系数					
	t=0 ℃	t=10 ℃	t=20 ℃	t=30 ℃	t=40 ℃	t=50 ℃
0.1	1.00	1.04	1.08	1.12	1.16	1.20
1.0	0.97	1.02	1.06	1.10	1.14	1.18
2.0	0.95	1.00	1.04	1.08	1.12	1.16
3.0	0.92	0.97	1.02	1.06	1.10	1.14
4.0	0.90	0.95	1.00	1.04	1.08	1.12
5.0	0.87	0.93	0.98	1.02	1.06	1.11
6.0	0.85	0.90	0.95	1.00	1.05	1.10
7.0	0.83	0.88	0.93	0.98	1.04	1.09

在实际计算中，为了简化计算，在满足工程要求的前提下，可采用孔隙率和瓦斯压力来计算游离瓦斯含量，即

$$X_y = Bnp \tag{3-3}$$

式中 n——煤的孔隙率；

B——系数，$m^3/(t\cdot MPa)$，取值为 1 $m^3/(t\cdot MPa)$；

p——瓦斯压力，MPa。

3.1.2 煤的吸附瓦斯含量

目前一般按 Langmuir 方程计算煤的吸附瓦斯含量，在计算中同时考虑煤中水分、可燃物百分比以及温度的影响，即

$$X_x = \frac{abp}{1+bp} e^{-\bar{n}(t_0-t)} \cdot \frac{1}{1+0.31M} \cdot \frac{100-A-M}{100} \tag{3-4}$$

$$\bar{n} = B \frac{0.02}{0.993+0.07p} \tag{3-5}$$

式中 X_x——煤的吸附瓦斯含量，m^3/t；

t_0——实验室测定煤的吸附常数时的实验温度，℃；

t——煤层温度，℃；

$\bar{n}$——经验系数；

p——瓦斯压力，MPa；

B——系数，$m^3/(t\cdot MPa)$，取值为 1 $m^3/(t\cdot MPa)$；

a、b——吸附常数，m^3/t、MPa^{-1}；

A、M——煤中灰分与水分，%、%。

得煤层气含量为：

$$X = \frac{VpT_0}{Tp_0\varepsilon} + \frac{abp}{1+bp} e^{-\bar{n}(t_0-t)} \cdot \frac{1}{1+0.31M} \cdot \frac{100-A-M}{100} \tag{3-6}$$

煤中瓦斯含量与温度和压力的关系如图 3-1 所示。

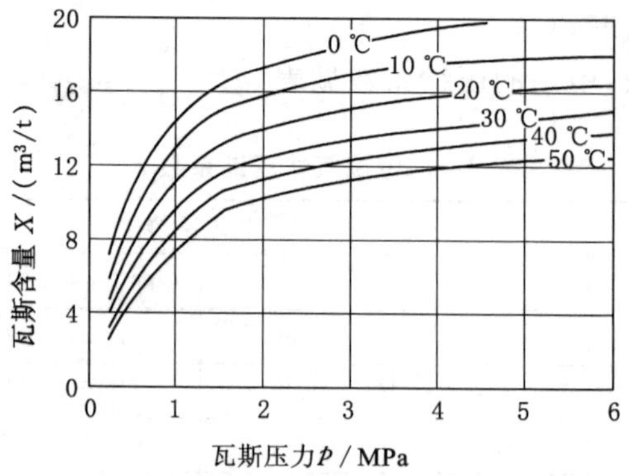

图 3-1 瓦斯含量与温度和压力的关系

图 3-2 给出了煤的吸附瓦斯含量、游离瓦斯含量以及总瓦斯含量与瓦斯压力的关系，从中可以看出：在瓦斯压力比较低时，吸附瓦斯量占绝大部分；随着瓦斯压力的增大，吸附瓦斯量渐趋饱和，而游离瓦斯量所占的比例则逐渐提高。在深部地层中，当瓦斯压力较高时，煤

层和岩层孔隙中所含有的游离瓦斯量往往可以达到相当大的数值。

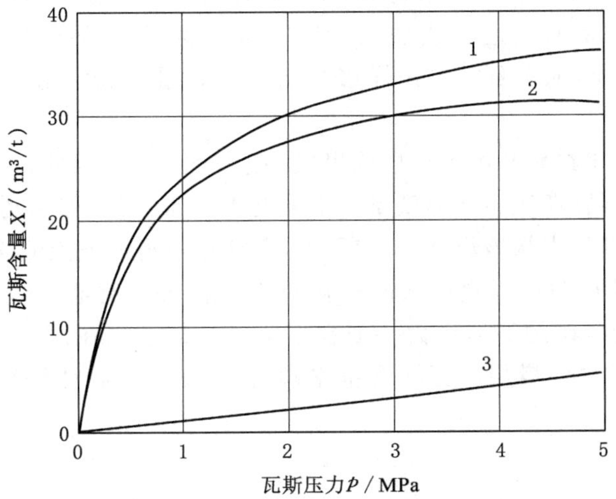

1—总瓦斯含量；2—吸附瓦斯含量；3—游离瓦斯含量。

图 3-2　煤层瓦斯含量与瓦斯压力的关系曲线

上述煤层瓦斯含量的计算式在实际应用特别是在研究煤层瓦斯流动需要考虑煤层瓦斯含量时，显得极为不便；为此，根据实测煤层瓦斯含量曲线的变化规律，并考虑工程实际应用中允许的误差范围，用抛物线方程来近似取代煤层瓦斯含量曲线，即

$$X = a\sqrt{p} \tag{3-7}$$

式中　X——煤层瓦斯含量，m^3/t；

a——煤层瓦斯含量系数，$m^3/(t \cdot MPa^{1/2})$；

p——煤层瓦斯压力，MPa。

利用式(3-7)，在研究煤层瓦斯流动、计算煤层瓦斯含量时十分便利。表 3-2 为测定的部分矿井 a 值。

表 3-2　部分矿井煤层瓦斯含量系数

矿井	煤层	挥发分/%	水分/%	灰分/%	瓦斯含量系数/[$m^3/(t \cdot MPa^{1/2})$]
抚顺龙凤矿	本层	43.41	0.85	9.45	1.14
北票台吉矿	4 号	42.36	2.70	20.50	1.14
包头白虎沟矿	3 号	23.87	0.23	12.89	1.58
天府南井	9 号	19.55	1.49	22.16	1.32
阳泉一矿	3 号	7.38	2.43	10.22	2.88
焦作李封矿	大煤	7.50		15.40	2.53

目前，煤层瓦斯含量的测定方法主要有直接测定方法和间接测定方法。直接测定方法由于实际操作难度大、测定工艺要求高、需要有可靠的密封装置等方面的原因，目前多

限于勘探部门应用。实际上，多数矿井中采用的是间接测定法，即通过现场取样，依据实验室对现场所取样品的吸附参数及孔隙体积或者瓦斯含量系数等的测定结果，以及现场测定的煤层瓦斯压力，采取上述公式加以计算。研究表明：如果煤层自然条件和在实验室测定的条件完全相同，则实验室中按煤层瓦斯压力和温度测定出来的瓦斯含量就是该煤层的瓦斯含量。

在实际应用时，由于在矿井中各煤层的煤质一般变化不大，因此，可先在实验室中测定出各个煤层煤样在不同瓦斯压力和温度条件下的瓦斯含量曲线，然后再根据采掘工作地点测出的煤层温度和瓦斯压力从该煤样的瓦斯含量曲线中求得该地点的煤层瓦斯含量。

目前，我国的瓦斯矿井中以重庆天府矿业有限责任公司磨心坡煤矿测得的瓦斯压力最高，达13 MPa，其余各矿的瓦斯压力一般在 5.0 MPa 以下。在这个瓦斯压力范围内，目前的测定表明：烟煤矿井中煤层的瓦斯含量未超过 35 m^3/t，无烟煤矿井中煤层的瓦斯含量未超过 45 m^3/t。

3.2 煤层气压力

3.2.1 煤层气压力的间接测定方法

间接测定煤层气压力的方法（以下简称间接测压法）是根据煤层瓦斯流动的规律、煤层的透气性系数、瓦斯解吸规律、煤层瓦斯含量系数曲线、在测压地点附近测定的煤层瓦斯涌出量或统计采掘中的涌出量等参数进行计算，推测出需要测定地点的瓦斯压力的方法。间接测压法一般用于难以进行直接测压的条件下，其具体的测定方法如下。

3.2.1.1 根据煤层瓦斯涌出量间接推测瓦斯压力

当某一采区瓦斯来自开采煤层本身时，如能统计出从采区的掘进到回采结束的时间内涌出的总瓦斯量、采区的煤炭储量以及煤的瓦斯含量曲线，则可求得该采区中煤层的平均瓦斯压力，其采用的计算式为：

$$\sum Q = Q_{掘} + Q_{回采} + Q_{采空} + Q_{残} \tag{3-8}$$

$$X = \sum Q / \bar{V} \tag{3-9}$$

式中 $\sum Q$—— 采区总瓦斯涌出量，m^3；

$Q_{掘}$、$Q_{回采}$、$Q_{采空}$—— 掘进、回采和采空区的总瓦斯涌出量，m^3；

$Q_{残}$ —— 残存在运出采区煤炭中的瓦斯量，m^3；

X—— 采区内平均每立方米煤中所含有的瓦斯量，m^3/m^3；

$\bar{V}$—— 采区内煤的总体积，m^3。

$Q_{残}$ 可以从采区运出煤中直接测定或按瓦斯含量曲线计算出来。

然后，根据瓦斯含量公式计算瓦斯压力；或从瓦斯含量曲线中查出瓦斯压力，如图 3-3 所示。

这种方法一般只适用于无邻近煤层的单一煤层。其优点在于根据通风报表即可得出煤层瓦斯压力值，不需专门进行测压工作；但缺点是极其粗略。因为矿井通风报表的数据往往不太准确，且采区内瓦斯涌出量不仅来自本采区，而且也来自邻近采区，况且由于井下煤层地质情况复杂，每个采区的瓦斯含量都不一样，有时相差很大。因此，该方法所求结果往往

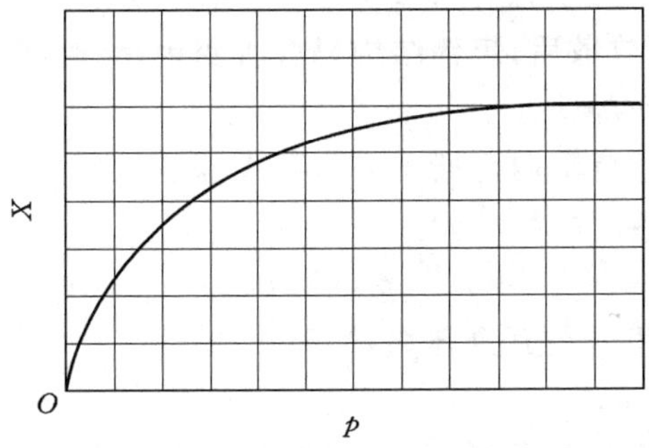

图 3-3　瓦斯含量与瓦斯压力关系曲线

误差很大，而且只能求得采区内的平均瓦斯压力，不能得出任何一点的瓦斯压力。

3.2.1.2　根据煤层原始瓦斯含量推算瓦斯压力

这一方法是利用特制的密闭钻头从煤体内部预定测量瓦斯压力的地点采取煤样，然后将煤样中的瓦斯全部抽出，根据煤样的质量或体积和抽出的总的瓦斯量求出单位质量或体积的瓦斯量，再按瓦斯含量曲线或瓦斯含量计算公式求出瓦斯压力。

这一方法要求密闭钻头的密封性能良好，当密封性能良好时，其所求得的瓦斯压力比较正确。实际上，要使密闭钻头完全不漏气，在技术上有一定困难。因此，所测值也具有一定的误差。目前这一方法多用于地质勘探时期的地面钻孔测压中。该方法的缺点是需要专门的设备和熟练的操作技术，且在生产矿井中难以应用。

3.2.1.3　根据残余瓦斯含量推算煤层瓦斯压力

这一方法的基本原理和根据煤层原始瓦斯含量推算瓦斯压力的方法相同，不同之处在于它不用密闭钻头，而改用普通的岩心管采样。取样一开始就用秒表记录时间，取出煤样后迅速把煤样放入密闭的罐中，记录从取样到放入罐中的时间 t_0；然后再到实验室中测出煤样的剩余瓦斯含量。测完后再充以瓦斯，达到某一瓦斯压力后，突然放散瓦斯，放散瓦斯的时间与 t_0 相同，然后再测其剩余瓦斯含量。如此变换瓦斯压力，重复这一操作几次，绘制出真实瓦斯压力和放散瓦斯时间 t_0 后的剩余瓦斯含量的关系曲线，从测出的剩余瓦斯含量与瓦斯压力关系曲线中即可求得其真实的瓦斯压力，如图 3-4 所示。

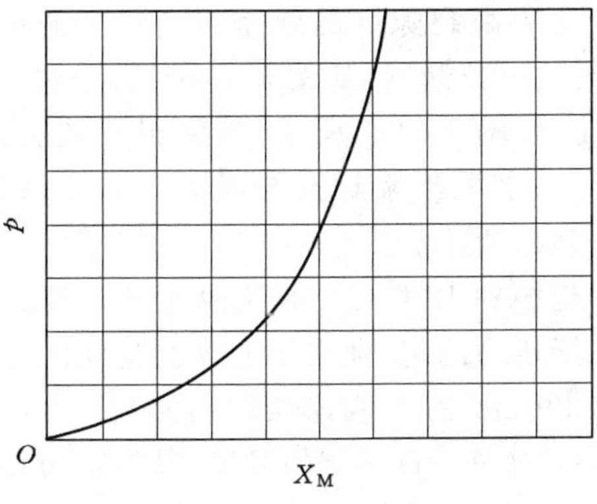

图 3-4　剩余瓦斯含量与瓦斯压力关系曲线

这种测定方法的优点是井下操作较少，且可适用于煤层测压；缺点是实验室内工作量大，且煤样经过反复吸收和放散后，煤体结构恐有所变化，t_0 时间是否准确值得商讨。

3.2.1.4 由地层深度估计瓦斯压力

该方法根据已开采深度范围内瓦斯压力与开采深度之间的关系式，估计未知开采深度的瓦斯压力值，其关系式为：

$$p = BH \tag{3-10}$$

式中 p——距地表 H 深度处的瓦斯压力，MPa；

H——距地表垂深，m；

B——系数，由统计分析或经验得出，应根据具体矿井确定，MPa/m。

这一估计方法和我国某些瓦斯矿井情况相符；但是，由于瓦斯压力与地质条件、瓦斯赋存条件密切相关，因此，该方法也仅可作为参考。

3.2.2 煤层气压力的直接测定方法

直接测定煤层气压力的方法（以下简称直接测压法）是用钻机由岩层巷道或煤层巷道向预定测量瓦斯压力的地点打一钻孔，然后在钻孔中放置测压装置，再将钻孔严密封闭堵塞并将压力表和测压装置相连来测出瓦斯压力的。如果在测定过程中能保证钻孔封闭严密不漏气，则压力表显示的数值即为测点的实际瓦斯压力。直接测压法的关键是封闭钻孔的质量。目前根据封孔原理的不同，一般将封孔方法分为被动式和主动式 2 种。被动式封孔法是用固体物来充填测压装置与钻孔壁之间的空间，以阻止煤层瓦斯的泄漏；主动式封孔法是在封闭段的两端固体物之间注入密封液，密封液的压力高于预计的瓦斯压力，并渗入孔壁与固体物间的缝隙和孔壁周围的裂隙中，以阻止瓦斯的泄漏。根据封孔地点的不同，可将直接测压法分为地面钻孔法和井下钻孔法 2 种。地面钻孔法在煤田开发前进行，根据放入孔底的压力敏感元件输送到地面的压力信号测得瓦斯压力值；井下钻孔法又可分为岩石-煤层测压法和煤层测压法，前者是由岩巷向煤层打钻，在岩石段中封孔测定煤层中的瓦斯压力，后者则为在煤巷或穿层石门内直接沿煤层打孔，在煤层中封孔测定煤层中的瓦斯压力。

3.2.2.1 被动式封孔

被动式封孔长期以来一直是国内外最常用的一种测压封孔方法，它的特点是较为简单，需要的设备器材较少，容易使用。目前，矿井中采用的被动式封孔方法主要有黄泥封孔、水泥砂浆封孔、胶圈封孔、胶囊封孔等。这些封孔方法由于对钻孔周边微裂隙缺乏封堵能力，故而一般只适用于孔周微裂隙少的致密岩石段的封孔。就漏气途径而言，被动式封孔共同存在的问题是孔壁裂隙漏气，如图 3-5(a)所示；同时，胶圈和胶囊封孔还会因钻屑未清除干净而引起漏气，如图 3-5(b)所示；黄泥封孔还会因黄泥未完全包住测压管而引起漏气，如图 3-5(c)所示；水泥砂浆封孔会因填料未充满钻孔上部或水泥凝固后产生裂隙而引起漏气，如图 3-5(d)所示。

被动式封孔的历史可以追溯到 19 世纪。据文献记载，1879—1881 年，俄国曾在博尔东矿井的若干煤层内进行过瓦斯压力测定；利用黏土或水泥封孔，在若干不同深度的钻孔内进行瓦斯压力测定，曾在厚为 99 cm 的奔沙穆煤层内测得 3.24 MPa 的瓦斯压力（距地面 384 m）。瓦斯压力测定工作经过了一百多年的发展，其测压方法基本上没有发生多大的变化，都是采用黄泥、水泥砂浆、胶圈、胶囊等进行封孔测定。由于这种封孔采用的是硬性封堵方式，故而容易发生泄漏，造成所测瓦斯压力值偏低。

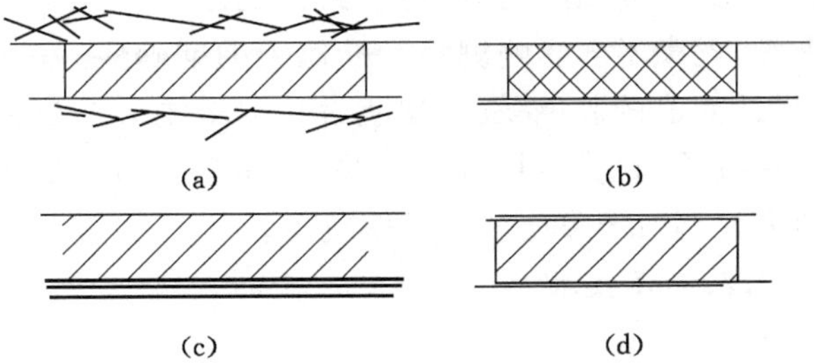

图 3-5 孔周漏气通道示意图

由于煤矿井下煤层是非均质且各向异性的，因而准确测定瓦斯压力十分困难。早在1954年，苏联著名学者斯阔成斯基院士在其所著的《矿内通风学》一书中就曾提到，煤层内瓦斯压力的大小不仅与钻孔的深度有关，而且还与其他很多的因素(煤的物理性质、煤的节理、煤的透气性)有关。苏联所做实测表明，深度相同的钻孔，只要相距在80 cm以上，各钻孔内的瓦斯压力就可能相差4倍多。造成这种差别的原因，一方面是煤层是非均质且各向异性的介质，瓦斯压力在煤层中的分布存在差异；另一方面可能受当时测压技术的影响，难以保证各个测压钻孔的封孔质量符合要求、不漏气。

3.2.2.2 主动式封孔

煤层瓦斯是黏性很小的气体，其黏度为 1.08×10^{-6} Pa·s，在高压作用下，可以说是无孔不入。钻孔孔壁内存在的细微孔道，在高压瓦斯的作用下很可能连通起来，形成瓦斯泄漏的立体交叉通道；尤其是具有煤与瓦斯突出危险的煤层，由于一般地应力高、煤层透气性系数小，因此测压时微量的漏气就能导致测压值的显著降低。

在松软的煤层中测压时，钻孔周围往往具有卸压圈和裂隙网，发生漏气是显而易见的。页岩、砂质页岩中也往往裂隙发育，所以，在页岩、砂质页岩中测定瓦斯压力要取得可靠的结果也是十分困难的；而含煤地层大多为页岩和砂质页岩，这就是测压结果误差较大的主要原因。实践表明，用固体物封堵孔壁裂隙显然是不行的，只有用压力始终高于瓦斯压力的黏性液体(或流体)抵抗高压瓦斯的涌出，才是准确测压的关键，这也是主动式封孔测压设计的基础。

这一设计思想在1975年形成，1978年被正式列为煤炭工业部的科研课题，1980年设计制作了胶圈压力黏液封孔测压仪，并进行了实验室和井下工业性试验，结果证明其效果是良好的，达到了主动式封孔测压仪的设计要求。实践表明，其在石灰岩、砂岩和页岩岩层的钻孔中，均能严密封闭钻孔，准确测得煤层的瓦斯压力。经过不断改进和发展，主动式封孔法主要有胶圈-压力黏液封孔法、胶囊-密封液封孔法和三相泡沫流体封孔法；其基本原理是：采用液体为封孔物质，以解决固体物不能严密封闭孔周边裂隙孔道的困难，并保持封孔液体的压力在测定过程中始终略高于瓦斯压力，以杜绝瓦斯的泄漏。为了维持封孔液体的压力和防止液体向钻孔内渗透，在封孔液体段的两端用胶圈或胶囊封闭钻孔，形成用固体封液体、用液体封气体的封孔系统。

3.2.3 胶圈-压力黏液封孔、胶囊-密封液封孔测定瓦斯压力技术

这种封孔方法的原理与单纯采用固体物的直接封孔测压方法是完全不同的，该封孔方法对钻孔中的瓦斯是一种主动进攻式动态封闭，是用固体封液体、用液体封气体，且封孔液

体的压力始终略高于瓦斯压力，故而称之为“主动式封孔法”。由于液体通过裂隙向钻孔内的泄漏是由外向内的漏液，丝毫不会影响测定瓦斯压力的准确性。这种密封技术属国内外首创，由这种密封技术设计而成的胶圈-压力黏液封孔测压技术于1986年经中华人民共和国科学技术委员会评定被授予国家发明三等奖，并在1985年和1986年分别参加了英国伯明翰国际技术市场展览和比利时布鲁塞尔国际博览会。

3.2.3.1 胶圈-压力黏液封孔测压技术

(1) 基本原理

根据主动式封孔方法的设计思想，在高压液体封孔段的两端采用固体物作为液体的“阀门”，为了使整个封孔器能反复多次使用，采用胶圈作为封闭高压液体的密封段。高压液体在胶圈的密封段产生泄漏时，既有可能从外端的密封段向外泄漏，也有可能从内端的密封段向钻孔内部泄漏；由于液体在多孔介质中渗滤时，其流量与压差成正比，与液体的黏度成反比，显然液体经外端的密封段泄漏的可能性和数量要大于内端的密封段。为了减小封孔液体的泄漏量，以及避免被岩层或煤层大量吸收，在胶圈-压力黏液封孔测压方法中决定采用高黏度的液体作为封孔液。试验表明，采用高压黏液封闭钻孔不仅可以充满测压管与钻孔壁的空间，而且可以渗入钻孔周围的天然裂隙和卸压圈的裂隙中起到严密封闭测压钻孔的作用。其密封系统如图3-6所示。这种封孔测压方法的一个基本要点就是，在整个测压过程中密封液的压力始终大于钻孔的瓦斯压力。

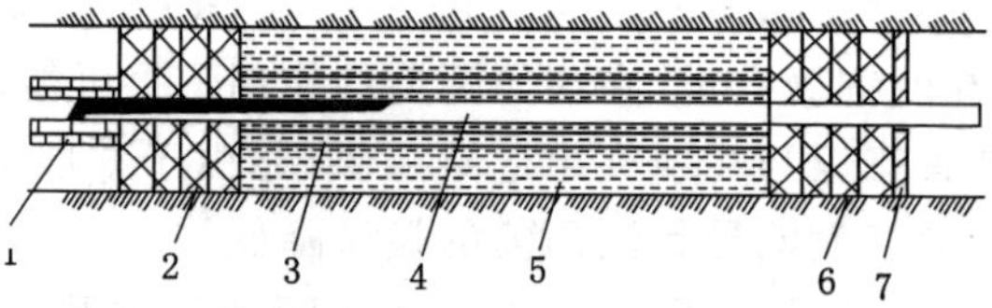

1—外管；2—后胶圈；3—支撑管；4—内管；5—黏液；6—前胶圈；7—挡盘。

图3-6 胶圈-压力黏液封孔系统

(2) 胶圈-压力黏液封孔测压仪及其结构参数

胶圈-压力黏液封孔测压仪的结构如图3-7所示。其操作是在钻孔工作结束后进行的，整个封孔过程是：首先，清洗钻孔，将封孔器放入钻孔中，封孔器由活节管连接，其长度可以调节；其次，封孔段放到预定位置后，转动加压手把，使内外管相向移动产生轴向推力，导致前后两组胶圈膨胀变形，封住钻孔壁与测压管之间的空隙，构成封孔段；然后向黏液缸中注入高压CO_2/N_2气体，驱使黏液通过内外管之间的空隙进入钻孔两组胶圈之间的封孔段，并使黏液的压力大于预测的煤层瓦斯压力。

封孔测压仪的内外管是分段连接的，封孔的深度和封孔段的长度均可按测压地点的地质条件来确定，这样就保证了测压的可靠性。

如在钻孔打完后立即封孔并向钻孔内注入压缩空气或高压氮气，用以补偿打钻和封孔前损失的瓦斯量，则一般在3 d左右即可准确测定出瓦斯压力值。

胶圈-压力黏液封孔测压仪的基本技术参数为：钻孔孔径为62 mm；封孔深度为11～20 m；每节内外管的长度为1.8 m；接头方式为矩形螺纹“O”形密封圈连接；胶圈尺寸为ϕ60 mm×30 mm；内端胶圈组10组；外端胶圈组16组；封孔黏液段长度为3.6～5.4 m；

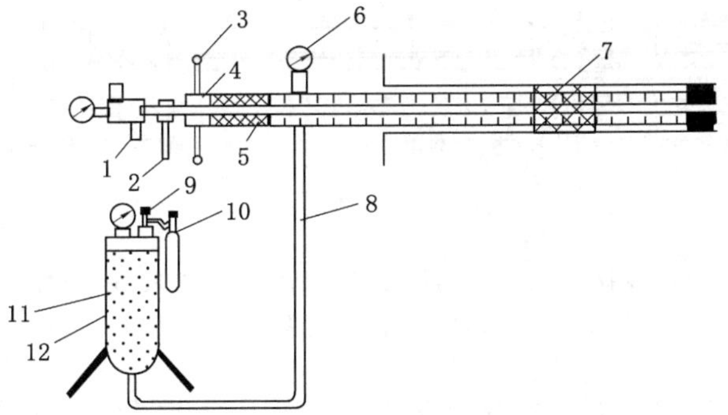

1—注气口;2—手把;3—加压手轮;4—推力轴承;5—胶圈;6—压力表;7—封孔圈;8—高压软管;
9—阀门;10—高压 CO_2 或 N_2 瓶;11—黏液;12—黏液缸。

图 3-7 胶圈-压力黏液封孔测压仪

黏液配方为淀粉占比 8%、沸水占比 90%、工业甲醛占比 2%,或者固体化学糨糊剂 6%、冷水 94%;压力源为液态 CO_2 或 N_2;黏液封孔达到的最高压力为 5.0 MPa;测压所需时间一般在 5 d 内;一套封孔长度为 15 m 的测压仪的质量约为 120 kg。

(3) 煤巷瓦斯压力测定技术

胶圈-压力黏液封孔测压技术为解决煤层钻孔封孔段漏气的问题提供了新的途径。由于压力黏液可以进入钻孔周边的微裂隙,能严密地封闭钻孔的封孔段,因而使煤巷直接准确测定煤层瓦斯压力成为可能。但是由于煤孔比较松软,易于坍塌,打钻后,钻孔内表面往往凹凸不平,用胶圈封孔时,橡胶不易和煤孔内表面严密接触;黏液容易通过胶圈与钻孔内表面之间的沟槽或裂隙而流失,使黏液的压力不能保持,导致测压失败。为此,在应用胶圈-压力黏液封孔测压技术封孔时,需要加以改进,以便能够达到准确测定煤层瓦斯压力的目的。

研究认为,在煤巷瓦斯压力测定中可采取的措施有:

① 在胶圈之间加一段油泥以提高胶圈的密封性能。煤层钻孔中测压失败的关键在于胶圈不易和煤孔内表面严密接触,而胶圈之所以不能良好封闭表面不平的钻孔内壁,则在于胶圈具有一定的硬度且膨胀率有限;因此,如果在胶圈之间加一段油泥等柔性材料,当胶圈受压时,油泥首先充满钻孔,并翻转到胶圈的外面,在胶圈进一步变形膨胀挤压油泥时,油泥即充塞于胶圈和煤孔内壁之间而起到严密封闭钻孔的作用,这样就形成了胶圈封油泥、油泥封黏液、黏液封瓦斯的封孔测压系统,如图 3-8 所示。胶圈组的间距为 3.6～5.4 m。在测压过程中,由于黏液压力大于瓦斯压力,且压力黏液能渗入钻孔周边的微裂隙,所以能有效地防止瓦斯的泄漏。压力黏液封孔的优点在于:它是动态下的密封,一旦新裂隙产生,能及时地给予封闭,这是用任何固体物封孔的方法所无法比拟的;且两端胶圈的工作压强可达 10 MPa、长度达 300 mm 以上,封孔液为黏液,避免了液体向测压空间的渗漏。

② 改进封孔装置的结构。根据胶圈-压力黏液封孔测定煤层瓦斯压力技术设计制作的岩孔瓦斯压力测定仪已在瓦斯矿井中得到广泛应用,效果良好;为了提高胶圈的密封性,使该测压仪能够在煤巷测压中得到应用,需要在胶圈之间加一段油泥(图 3-8)。由于加上油泥后,整个测压双层套管在送入钻孔的过程中不能受力(如果油泥受力,则油泥将膨胀黏在孔壁上,不但不能到达预定封孔地点,而且黏附在孔壁上的油泥将阻碍测压套管进入钻孔),

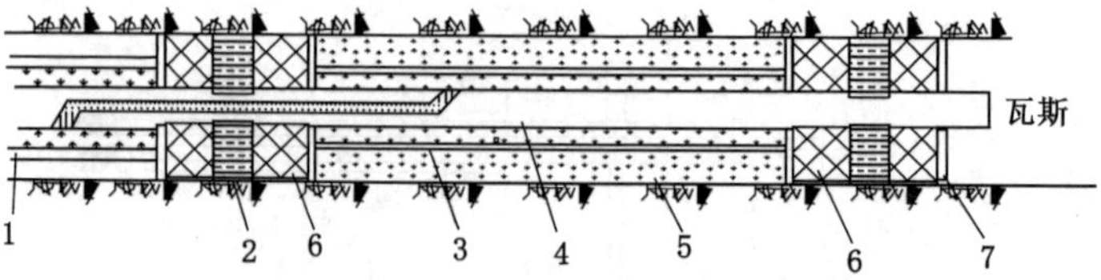

1—外管；2—油泥；3—支撑胶圈管；4—内管（瓦斯管）；5—高压黏液；6—胶圈；7—内管尾挡盘。

图 3-8　胶圈-油泥-压力黏液封孔原理

为此设计制作了 2 个专门的卡子，如图 3-9 所示。第一个卡子位于内管内端，以负担曳引支撑管进入钻孔的力量，第二个卡子位于内管的外端，它上面有一个固定螺栓，可使内外管咬合在一起，不能产生相对移动；这样内外管、胶圈组和油泥进入钻孔时，胶圈和油泥都不受力，防止了由于胶圈和油泥受力变形膨胀而阻碍测压装置进入钻孔预定的测压位置的现象发生。到达预定位置后，即可松开固定螺栓，按测压仪的操作程序完成测压工作。实践表明，这 2 个卡子对于保证胶圈-油泥-压力黏液封孔测压的成功是必要的。

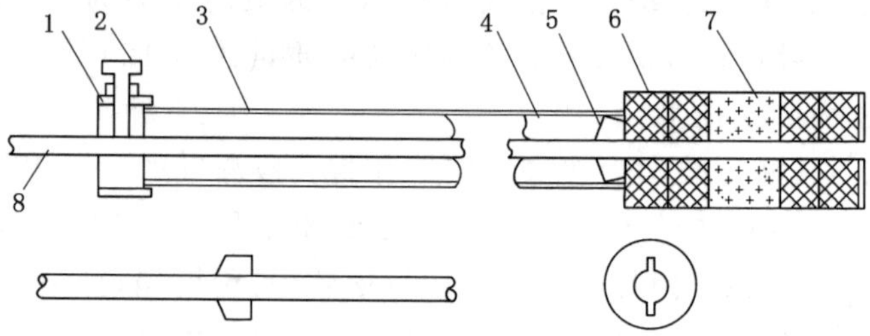

1—后卡；2—固定螺栓；3—外管；4—支撑管；5—内卡；6—胶管；7—油泥；8—内管。

图 3-9　保证送入油泥的专用卡子

胶圈-压力黏液封孔测压仪在四川、重庆、江西、河南、广东等省有关矿井的应用表明，其效果是良好的，只要钻孔不处于大裂隙带，黏液不从钻孔中流失，且保持黏液压力大于瓦斯压力，都能准确测得煤层瓦斯压力值；不仅可以在岩层中测压，而且只要在胶圈之间加上油泥，也可在煤质较硬的煤巷中直接测定煤层瓦斯压力。

3.2.3.2　胶囊-密封液封孔测压技术

胶圈-压力黏液封孔测压技术的研制成功是煤层瓦斯压力测定方法的一大进步，但是，这一方法是为从岩巷向煤层打钻孔测压而设计的，对于没有岩巷或岩巷很少的矿井，应用这一技术还存在一定的困难。为此，从 1986 年起，我们在胶圈-压力黏液封孔测压技术的基础上，进一步研制了胶囊-密封液封孔测压的方法，并用于在煤巷中直接测定煤层瓦斯压力。

在煤矿井下煤层瓦斯压力测定中，以测压点的瓦斯通过钻孔周边的裂隙和封孔材料之间的微裂隙向外泄漏的第三种泄漏途径最难解决。虽然胶圈-压力黏液封孔测压技术的成功给解决煤层钻孔封孔段漏气的问题提供了新的途径，但是，煤孔与岩孔不同，煤孔比较松软，易于坍塌，打钻后，钻孔内表面往往凹凸不平，为了适应钻孔内表面凹凸不平的形状，在测压中，我们采用了胶圈-油泥-压力黏液封孔系统，该系统可以较好地封闭孔形较规则、孔周卸压圈较小的煤层钻孔，测出较低的瓦斯压力。但当垂深加大、地应力高时，由于钻孔孔形很不规则、钻孔壁周围的卸压松动圈大、裂隙发育，而胶圈的膨胀变形量有限，胶圈仍难以封住黏液。

胶圈的容许变形量一般小于20%，当变形量大于20%时，胶圈会产生翻套或嵌套在另一胶圈上的现象(图3-10)，破坏了密封效果，所以胶圈难以适应孔形的变化。另外，高地应力会使煤孔周围卸压圈增大，即使煤质比较坚硬，在孔周围也能产生大的裂隙而使密封黏液通过大裂隙而漏失。阳泉、焦作、鹤壁和天府矿务局的现场试验表明，胶圈-油泥-压力黏液封孔系统，在阳泉矿务局垂深150 m处的测定结果的有效率为100%，在垂深为300～400 m处的焦作和鹤壁矿务局测定时的有效率约为50%，而在垂深为600 m的天府矿务局测定时，则全部失败。这表明要在地应力大、瓦斯压力高的煤层中通过煤巷钻孔直接测出煤层原始瓦斯压力，必须寻求一种新的封孔测压系统，以保证封孔段的黏液压力高于瓦斯压力，而且不泄漏，这就是人们发明胶囊-密封液封孔测压技术的原因。

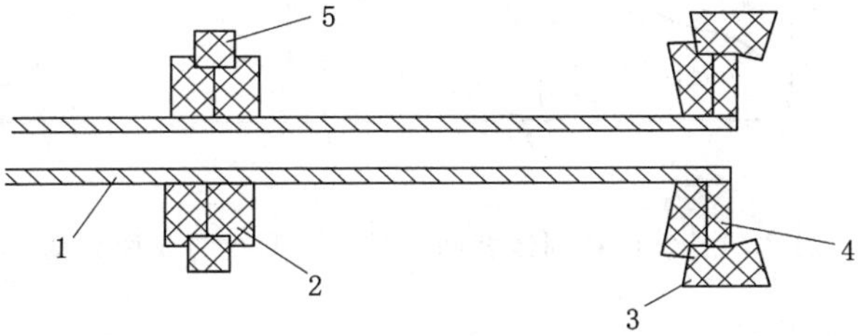

1—内管；2—胶圈；3—翻出挡盘；4—挡盘；5—嵌套。

图3-10　胶圈翻套或嵌套示意图

3.3　煤层气吸附与解吸特性参数

3.3.1　煤层气吸附特性

煤层中煤层气的含量远远超过其自身孔隙的容积，是因为存在大量以吸附状态赋存的煤层气。煤层气吸附量与煤的比表面积、温度和压力有关。

通常固体的比表面积用单位体积内的总面积或单位质量总面积来表示。煤的比表面积相当大，采用CO_2做介质测得煤的比表面积为50～200 cm^2/g，对气体有着强烈的吸附性。

所谓吸附，就是物质在相界面上的过剩现象，是气体或液体分子在物质表面上的积聚，这是因为物质内部分子和周围分子之间有相互吸引作用，尤其是表面积很大的物质。吸附过程分为物理吸附和化学吸附两类。

物理吸附的作用力是分子间作用力，吸附的过程中物质不改变原来的性质，因此，吸附能很小，吸附热一般只有2.09～20.92 J/mol，被吸附的物质容易解吸；化学吸附的过程中发生化学反应，作用力不仅有静电引力，还有化学键力，因此，吸附能较大，吸附热可达20.92～41.84 J/mol，吸附过程一旦发生，则较难解吸。

多数研究者认为，煤层气是以物理吸附的方式赋存于煤储层之中，煤对煤层气的吸附是可逆的。甲烷与煤孔隙表面的相互作用具有各向异性特征，在−100～30 ℃范围内未发现化学吸附现象。煤层气在煤的孔隙表面形成了吸附层，而且在范德瓦耳斯力的作用下，临界温度以下的所有气体都有吸附势，并会形成多层吸附。基于范德瓦耳斯力的物理吸附释放的热量与气体凝聚成液态释放的热量接近，所以，从本质上讲，物理吸附和凝聚作用相似，因此，吸附态甲烷与液态甲烷具有相似的物理性质和相近的密度。

煤对煤层气的吸附可用不同的吸附状态方程（吸附曲线）来表达：恒温条件下，测定不同压力时的吸附量，即吸附等温线；恒压条件下，测定不同温度时的吸附量，即吸附等压线；吸附物质的量（体积）一定的条件下，测定不同温度下的压力变化，即吸附等容线。

最直观的是吸附等温线，它反映了等温条件下吸附量与压力的关系。目前识别出的各种物质的吸附等温线大体归为5类。这种分类称吸附等温线的BET分类，气体在固体表面上吸附等温线的5种类型如图3-11所示。

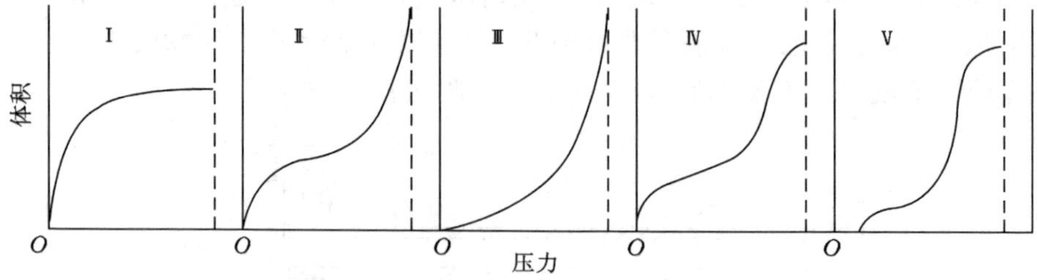

图3-11　气体在固体表面上吸附等温线的5种类型

煤对甲烷的吸附属于第Ⅰ类吸附等温线（Langmuir等温线），是单层可逆的窄孔吸附过程，煤样的外表面积比孔内表面积小很多，吸附容量受孔体积控制。

基于吸附相和游离相间的两相平衡，煤层气吸附行为常用Langmuir单分子层吸附模型和BET多分子层吸附模型来进行描述，此外还有基于统计势动力学理论的多相气体吸附模型以及吸附势理论模型。

3.3.1.1　Langmuir单分子层吸附模型

Langmuir模型是根据汽化和凝聚动力学平衡原理建立的，广泛应用于煤和其他吸附剂对气体的吸附。Langmuir模型的基本假设如下：

（1）固体表面之所以具有吸附能力，是由于其表面的原子力场没有饱和，有剩余力存在，当气体分子碰撞到未被吸附质覆盖的空白固体表面上时就可能被吸附并释放出热量，当固体表面布满气体分子后，这种力场达到饱和，因此，吸附是单分子层的。

（2）固体表面是均匀的，各处的吸附能力也是均匀的，吸附热不随覆盖度变化，是一个常数。

（3）吸附可逆，被吸附的气体分子热运动的动能足以克服吸附剂的引力场时，会重新回到气相，回到气相的可能性不受邻近其他被吸附气体分子的影响，即被吸附气体分子之间无作用力。

（4）吸附达到平衡时，吸附和解吸过程仍在进行，吸附平衡状态是吸附速度和解吸速度相等的动态平衡。

Langmuir吸附等温方程式：

$$V=\frac{V_{\mathrm{m}}bp}{1+bp} \tag{3-11}$$

式中　V——气体压力为p时的吸附量；

V_{m}——吸附剂表面覆盖满单分子层气体（覆盖度100%）时的吸附量；

b——吸附作用平衡常数，也叫吸附常数，是温度和吸附热的函数。

吸附剂表面被气体分子覆盖的百分数为覆盖度：

$$\theta = \frac{V}{V_m} \tag{3-12}$$

Langmuir 模型基于单分子层吸附理论建立，该理论认为被吸附气体和吸附剂之间的平衡是动态的，即分子在吸附剂表面空白区凝结的速率等于分子从已占领区域重新蒸发的速率。

3.3.1.2　BET 多分子层吸附模型

多分子层吸附理论是 Brunauer、Emmet、Teller 于 1938 年在单分子层吸附理论基础上提出的，该理论将 Langmuir 对单分子层假定的动态平衡状态用于各不连续的分子层，是单分子层吸附理论的扩展。BET 多分子层吸附模型在 Langmuir 单分子层吸附是动态平衡、固体表面各处吸附能力是均匀的、被吸附的气体分子间无相互作用 3 项假设的基础上，又假设：第一层的吸附力是固体分子与气体分子间的范德瓦耳斯力，而第二层以上的吸附力是气体分子间的范德瓦耳斯力，第一吸附层的吸附热和其他各层不同，但第二层以上各层的吸附热相同；吸附是多分子层的，但不是第一层吸附满时再进行第二层吸附，而是每一层都可能有空吸附位，吸附层是不连续的，但只有直接暴露于气相的表面的分子发生解吸。这种吸附称为 BET 吸附，用 BET 方程进行描述。BET 方程的二常数表达式为：

$$\frac{p}{V(p_0 - p)} = \frac{1}{V_m C} + \frac{C-1}{V_m C} \cdot \frac{p}{p_0} \tag{3-13}$$

式中　p_0——实验温度下吸附质的饱和蒸气压；

V——气体压力为 p 时的吸附量；

V_m——单分子层气体达到饱和时的吸附量；

C——与吸附热和吸附质液化热有关的系数。

BET 方程可以描述所有类型的吸附等温线，它的一个重要用途就是测定固体比表面积。在较高的压力下，多分子层吸附存在的可能性更大。

3.3.1.3　多相气体吸附模型

Langmuir 模型和 BET 模型的建立，均是基于吸附相与游离相之间的两相平衡。Collins 认为，煤孔隙中气体分子不是游离态，而是处于煤分子电磁场中，这种分子力改变了微孔中流体的性质。由此，Collins 提出了煤层气分子的游离气相、单分子层吸附相、孔隙气相和类液相的四相平衡吸附理论，即统计势动力学理论。该理论认为，气体分子与固体分子间的作用力为伦敦分散力，气体分子间的作用力为范德瓦耳斯力，假设多孔介质为具有一定孔隙体积的固体，孔隙体积由所有具有同样半径的圆柱形孔隙的集合体组成，较高压力下的气体吸附等温线方程为：

$$N_a = \frac{Sp}{p_L + p} + V_p G(T)\left[\frac{p}{KT}\left(1 - \frac{2Bp}{KT}\right)\right] + \left[\frac{\alpha}{KT\ln\frac{KT\lambda(T)}{4Bp}}\right]^{\frac{1}{2}} \Sigma V_p \tag{3-14}$$

$$\lambda(T) = \sqrt{\frac{h}{mKT}} \tag{3-15}$$

式中　N_a——吸附剂中的气体分子数；

S——总吸附位数量；

p_L——压力常数，在此压力下吸附量达最大吸附能力的50%；

V_p——吸附剂孔隙体积；

$G(T)$——孔隙相气体密度温度校正因子；

K——玻尔兹曼常数；

T——绝对温度；

B——范德瓦耳斯因子；

α——常数；

Σ——吸附剂比表面积；

h——普朗克常数；

m——气体分子量。

该吸附等温线方程中第一项为 Langmuir 等温吸附量，即单分子层吸附中的气体分子数；第二项为以孔隙气形式存在于孔隙体积中的气体分子数量；第三项为以压缩或类液层形式存在的分子数量，压力较低时为零。Collins 认为吸附态的气体由以上 3 部分组成，游离态不属此范畴。等温吸附条件下多孔固体中的吸附态气体的 3 种相态如图 3-12 所示。

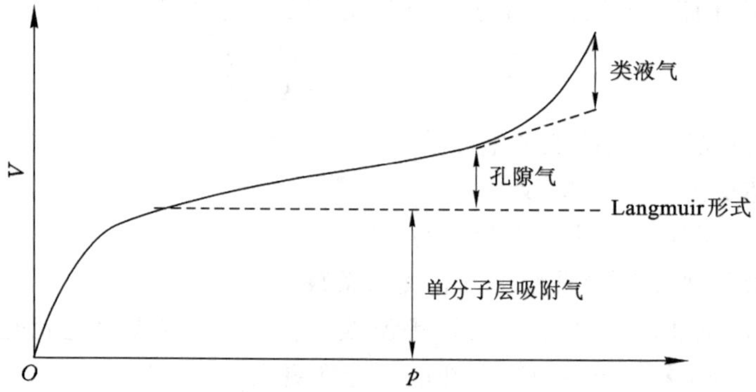

图 3-12　等温吸附条件下多孔固体中的吸附态气体的 3 种相态

统计势动力学理论是动力学、热力学和位能理论的综合，其吸附等温线归为Ⅱ型吸附等温线。就目前获得的大量煤的吸附等温线来看，大多数属Ⅰ型，即可用 Langmuir 方程描述，但确有一些属Ⅱ型，如图 3-13 所示，在经除去游离态气体校正后，属Ⅱ型吸附等温线。

3.3.1.4　吸附势理论模型

De Saussure 提出吸附剂对吸附质有吸引力，距离吸附剂表面越近，吸附引力越大，吸附质的密度也越高。Euken 将这种引力引申为吸附势。吸附势理论认为，固体表面附近存在一个势能场，吸附是由势能引起的。就如同地球表面存在的引力场，距离固体表面越近，吸附势能越高，吸附质浓度越高。

Polanyi 对吸附势进行了定量描述，采用 Radushkevich-Dubinin(R-D)方程来描述微孔吸附剂的等温吸附行为：

$$V=V_0\exp\left[-K\left(\frac{RT}{\beta}\cdot\ln\frac{p_0}{p}\right)^2\right] \tag{3-16}$$

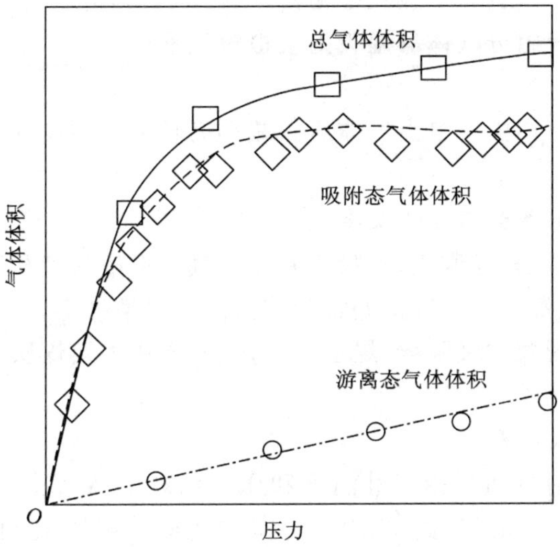

图 3-13 黑勇士盆地煤的吸附等温线

式中 V——气体压力为 p 时的吸附量；

V_0——极限吸附量，即微孔体积；

β——吸附质的亲和系数；

R——理想气体常数，8.314 J/(mol · K)；

K——与孔结构有关的常数，微孔条件下，$K=2$；

p_0——实验温度下吸附气体的饱和蒸气压。

吸附势理论不涉及固体表面的均匀性，认为吸附空间内各处都存在吸附势，距离固体表面越近，吸附势越大，吸附势相等的点构成吸附面，在任何温度下，吸附势和吸附量的关系都是相同的，即 $O=f(Z)$，如图 3-14 所示。

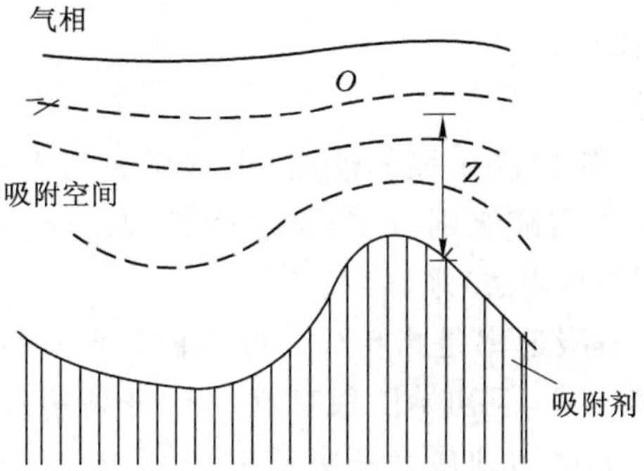

Z—吸附势；O—微孔的点饱和吸附量。

图 3-14 Polanyi 吸附势理论

Polanyi 吸附势理论认为：吸附温度 T 远低于吸附气体的临界温度 T_c 时，吸附膜是液态的；吸附温度 T 略低于吸附气体的临界温度 T_c 时，吸附膜是液态与压缩气体的混合体；吸附温度 T 高于吸附气体的临界温度 T_c 时，吸附膜为压缩气态。吸附势模型可描述Ⅰ、Ⅱ

类吸附等温线，适用于孔径较小(一般孔径为 0.6～0.7 nm)，并不易发生多层吸附或毛细凝结现象的物质，在对煤/单组分气体等温吸附模拟时较准确。

3.3.2 煤层气解吸特性

解吸是指煤中吸附气体由于自由气体压力减小而转变为游离气体的过程。煤层气吸附与解吸几乎完全可逆。

3.3.2.1 理论可解吸气量和理论可解吸率

按照煤层气的存在状态(逸散气、解吸气和残余气)，逸散气量和解吸气量之和为理论可解吸气量，理论可解吸气量占总含气量的百分比为理论可解吸率。

煤层气甲烷解吸率受煤的吸附势、煤层含气量、储层压力及煤层埋深的影响。我国煤层气解吸率为 21.9%～58.1%。

3.3.2.2 吸附时间和解吸速率

(1) 吸附时间。吸附时间是指标准温度和压力状态下(0 ℃、1 atm)，累计解吸出的气体量占总吸附气量(包括残余气)的 63.2%所需的时间。吸附时间表征气体从煤储层中运移出来的速度，在很大程度上控制着煤层气的早期生产动态。若煤的吸附时间短，其开采井有可能在短时期内达到产气高峰，有利于缩短开发期，但可能不利于煤层气的长期稳产。

吸附时间可通过扩散系数和煤基质块形状因子来计算：

$$\tau = \frac{1}{D\sigma} \tag{3-17}$$

式中 D——扩散系数；

σ——煤基质块形状因子。

煤基质块形状因子：

$$\sigma = \frac{\alpha A_{\mathrm{m}}}{V_{\mathrm{m}}} \tag{3-18}$$

式中 α——比例系数；

A_{m}——煤基质块表面积；

V_{m}——煤基质块体积。

吸附时间与逸散气无关，它取决于煤的性质、煤基质块的大小、煤阶、孔隙结构、天然裂隙间距等地质因素。由于煤中裂隙级别较多，裂隙间距和形状因子很难确定，所以，吸附时间一般通过煤样解吸实验(USBM 法)来确定。

(2) 解吸速率。煤层气解吸速率是指单位时间内的煤层气解吸量。煤层气解吸速率随时间的变化总体表现为快速下降，但初始阶段存在一个升高的过程，主要是突破气锁、水锁等因素的影响，但仅需 20 min 就达到最大解吸速率，然后开始降低。降低过程中由于孔径变化等因素的影响，甲烷解吸速率可能会出现一定的波动。煤炭中甲烷解吸速率随解吸时间的演化如图 3-15 所示。

解吸速率的差异可能受煤物质组成以及扩散能力差异的影响，似乎与煤阶无关。

3.3.2.3 临界解吸压力和理论采收率

(1) 临界解吸压力。临界解吸压力是指煤层气开始发生解吸的自由气体的压力，是吸附与解吸达到平衡时的压力。临界解吸压力是估算煤层气采收率的重要参数，临界解吸压

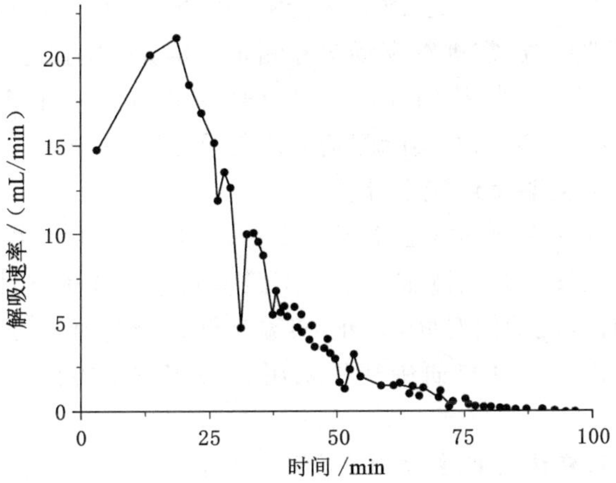

图 3-15　煤炭中甲烷解吸速率随解吸时间的演化

力和煤储层压力的比值是煤层气开采难易的决定性因素。

临界解吸压力：

$$p_{cd}=\frac{V_{me}p_L}{V_L-V_{me}} \tag{3-19}$$

式中　V_{me}——实测无水无灰基煤层气含气量；

p_L——无水无灰基煤层气 Langmuir 压力；

V_L——无水无灰基煤层气 Langmuir 体积。

（2）理论采收率。煤层气理论采收率是指煤层含气量中可采收气量与总含气量的百分比。煤层气理论采收率不仅取决于煤层的含气性、煤层所处原始压力系统以及煤的吸附/解吸特性，而且在相当程度上受煤层气钻井、完井和开采工艺的影响。

在初期评价中，可根据煤样解吸资料，以解吸率来衡量煤层气理论采收率，这种方法不考虑煤储层实际压力、温度、煤吸附特性、抽采枯竭压力等因素，可靠性较低。

如果能通过等温吸附实验求得相关参数，煤层气理论采收率可用下式估算：

$$\eta=1-\frac{p_f(p_i-p_L)}{p_i(p_f+p_L)} \tag{3-20}$$

式中　p_i——初始储层压力，MPa；

p_f——废弃压力，MPa。

煤层气的理论采收率也可以基于吸附—解吸—扩散—渗流相关理论建立煤层气产能数值模型，通过模拟方法求得。

煤层气的实际采收率可通过排采曲线拟合，基于实际生产资料进行历史反演获得。

3.4　煤层透气性系数

几十年来，国内外有关学者对煤层透气性系数的测定方法进行了许多研究，提出了各种各样的煤层透气性系数测定及计算方法，这些测定及计算方法归纳起来可分为实验室测定方法和现场实际测定方法 2 类。研究认为，由于煤层是非均质且各向异性介质，在目前的实验室条件下很难模拟井下的实际情况，故而实验室测定方法只能进行定性的研究，要准确得知煤矿井下煤层的透气性系数，需进行现场实际测定。但是，由于现场实际测定结果往往只能反映局部情况，而且费工费时，故而煤层透气性规律的研究往往又需借助于实验室的研究。所以，实验室测定方法与现场的实际测定方法都是不可缺少的。

3.4.1 煤样透气性系数的实验室测定及计算

实验室测定煤样透气性系数的方法主要有 2 种，即加围压时的煤样透气性系数测定方法和不加围压时的煤样透气性系数测定方法。实验室测定煤样透气性方法的优点在于能大大节省人力和物力，同时也能缩短时间；此外，实验室测定方法还可了解煤样透气性系数的变化状态以及所受影响因素。在科研中往往采用实验室测定方法来分析测定煤样透气性系数。

3.4.1.1 不加围压时的煤样透气性系数测定方法

利用该法测定煤样透气性系数时，首先从需要测定的煤层中采取煤样，在实验室中用砂轮或专门的钻筒将煤样制成一定尺寸的圆柱状（或方柱状），两端磨平，形成长 50～80 mm、直径 430～460 mm 的圆柱或 30 mm×30 mm×(50～80)mm 的方柱状，然后放入与之直径相仿的夹具中；为了使煤样和夹具壁之间密切接触不漏气，一般外加一个胶皮套或硅橡胶。其次将煤样放在特制的仪器中，测定在一定的压差中通过煤样的瓦斯流量。最后，依据煤样的几何尺寸、两端压差的大小和流量，根据达西定律计算其透气性系数。实验装置如图 3-16 所示。在测定中需保持入口压力 p_k 和出口压力 p_r 不变。

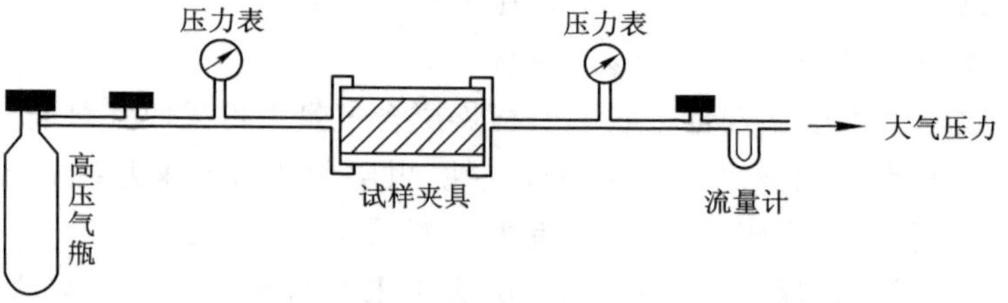

图 3-16 测定透气性系数实验装置示意图

由于认为煤样中的瓦斯流动是单向稳定流动，符合达西定律，若煤样为均质，且煤样与夹具壁之间没有任何的漏气，则根据达西定律有：

$$u = -\frac{k}{\mu}\frac{\mathrm{d}p}{\mathrm{d}x}B, \lambda = B\frac{k}{2\mu p_{\mathrm{at}}} \tag{3-21}$$

$$\lambda = \frac{2Q\mu p_{\mathrm{at}}L}{F(p_k^2 - p_r^2)}B \tag{3-22}$$

式中 Q——流量计的流量，m^3/d；

F——煤样的截面积，m^2；

p_k——煤样入口压力，MPa；

p_r——煤样出口压力，MPa；

L——煤样长度，m；

k——煤样渗透率，10^{-15} m^2；

λ——煤样透气性系数，$m^2/(MPa^2 \cdot d)$；

μ——流过气体的动力黏度，Pa・s；

B——单位换算系数，取值为11；

p_{at}——大气压力，MPa。

根据式(3-22)可测算出煤样的透气性系数。

一般取同一煤层的若干煤样进行测定，然后取其平均值作为煤层的透气性系数。

这种煤层透气性系数测定方法由于未考虑围压(模拟地应力)的作用，故而所测结果和矿井中的实际情况相差较大。因此，为了和矿井实际情况相符，在煤层透气性系数的测定中应考虑围压(地应力)的作用。

3.4.1.2 加围压时的煤样透气性系数测定方法

加围压时的煤样透气性系数测定实验装置如图3-17所示。从图中可以看出：该实验装置和图3-16相似，其不同之处在于实验缸内煤样周围充有一定压力的黏液(或其他液体)，煤样周围需套上数层防水橡胶套，防止内泄外渗。在实验中，用调节高压泵的压力来模拟地应力对煤样的作用；其实验过程及煤样透气性系数计算方法与未加围压时的煤样透气性系数的测定方法相同，煤样透气性系数计算公式也采用式(3-22)。

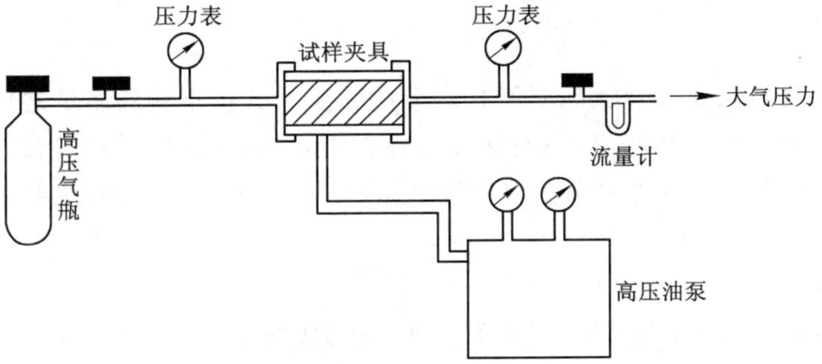

图3-17 加围压时的实验装置示意图

3.4.1.3 实验室测定方法的分析

在实验室中测定煤样透气性系数的优点是方法简单，可节省人力、物力和时间，但普遍存在如下缺点：

(1) 取样的偶然性不能反映煤层的情况。这是因为煤样中瓦斯流动的通道除了煤体本身的微孔隙外，还有煤层中的节理裂隙，由于在取样制作测定煤样时只有硬煤或中硬煤才能保持其完整性，因此煤层中软煤的透气性无法反映。

(2) 在制作煤样时，煤样受到机械作用时可能产生新的裂隙或使原有裂隙加大，而煤层本身的某些裂隙可能会因煤样过小而被排斥掉，因而会使其透气性发生变化；此外，煤样一般在煤层的暴露面上采集，而在暴露面上的煤都是经过矿山压力破坏后的煤体，其透气性显然与原始煤层中有所不同。

(3) 实验室无法完全模拟地应力(至少目前是这样)。其原因在于一方面地应力在现场不易测准，另一方面是现场地应力不是三向等压，而实验室中一般采用的是三向等压，受力状态不同，所测结果当然就无法准确反映现场的实际情况。

(4) 在实验室测定中，固体煤样与防水橡胶衬套之间往往存在漏气现象。由于煤样的透气性很低，微量的漏气和误差会使所测透气性大大增加。

煤层透气性系数的实验室测定值与现场测定值有很大的差别，其相差数倍、几十倍甚至上百倍都是有可能的，目前实验室的测定值还不能直接反映现场的实际情况；但是，实验室能模拟矿井煤层中的条件做定性的研究，如在实验室中可通过对煤样进行围压不变时瓦斯压力与煤样透气性之间的关系测定，来研究井下煤层在同一水平地应力基本不变情况下瓦斯压力对煤层透气性的影响，也可在瓦斯压力不变条件下通过测定围压与煤样透气性间的关系，来研究井下煤层中瓦斯压力不变时地应力对煤层透气性的影响等，这是现场测定方法所无法比拟的。

3.4.2 煤层透气性系数的现场测定方法

目前，在煤层透气性系数的现场测定方法中，主要有苏联学者提出的雅伏罗依法、克里切夫斯基法(包括流量法和压力法)、马可尼压力法以及我们所提出的钻孔瓦斯流量法。我们针对煤层透气性系数测定中存在的不足之处，根据煤层瓦斯流动理论，提出了测定煤层透气性系数的钻孔瓦斯流量法，包括单向流量法、径向流量法和球向流量法。

3.5 煤层含水率

煤的含水率是指煤在天然状态下所含水分的质量与其烘干后的质量之比。该指标会影响煤层气的赋存状态和运移能力，一般通过实验方法测得。依据《煤和岩石物理力学性质测定方法 第6部分:煤和岩石含水率测定方法》(GB/T 23561.6—2009)，主要采用烘干法测试煤的含水率。

3.5.1 仪器设备

测定煤的含水率所需仪器设备主要有天平[感量(最小分度值)0.01 g]、烘箱、干燥器、钢丝刷、小锤和具有密封盖的试样盒。

3.5.2 实验步骤

(1) 取保持天然含水状态，尺寸大于组成岩石最大矿物颗粒直径的10倍，且质量不小于50 g的3个试件，立即称重得 M_1。

(2) 将不含结晶水的试样在105～110 ℃的烘箱内烘干24 h后取出，放在干燥器内冷却至室温，称重得 M_2。

(3) 将含结晶水的试样在55～65 ℃的烘箱内烘干24 h后取出，放在干燥器内冷却至室温，称重得 M_2。

3.5.3 数据计算

按照下式计算含水率：

$$\omega=\left(\frac{M_1}{M_2}-1\right)\times 100\% \tag{3-23}$$

式中 ω——煤的天然含水率；

M_1——保持天然水分的试件质量，g；

M_2——烘干后的试件质量，g。

平行测定3次，取算术平均值，计算结果取两位小数。试验报告中，列出各单个试件测值及3个试件的算术平均值。测定结果记录表见表3-3。

表 3-3 煤含水率测定记录表

送样单位：　　采样地点：　　测定日期：　　试件名称：　　试件编号：

试件编号	试件描述	试件天然含水质量 M_1/g	试件烘干后质量 M_2/g	试件含水率 ω/%	试件平均含水率 ω_p/%	备注

试验人员：　　计算人员：　　校核人员：

3.6 煤层硬度

煤层硬度是影响采煤机开采及工作面片帮程度的一个重要因素，还直接影响综放工作面顶煤的冒放性及放煤作业时间。煤层硬度一般用岩石坚固性系数（又称普氏系数）来评价。

由苏联学者于 1926 年提出的岩石坚固性系数至今仍在矿山开采业和勘探掘进中得到广泛应用。岩石的坚固性区别于岩石的强度，强度值必定与某种变形方式（单轴压缩、拉伸、剪切）相联系，而坚固性反映的是岩石在几种变形方式的组合作用下抵抗破坏的能力。因为在钻掘施工中往往不是采用纯压入或纯回转的方法破碎岩石，因此这种反映在组合作用下岩石破碎难易程度的指标比较贴近生产实际情况。岩石坚固性系数 f 表征的是岩石抵抗破碎的相对值。因为岩石的抗压能力最强，故把岩石单轴抗压强度极限的 1/10 作为岩石的坚固性系数，即用一个综合性的指标“坚固性系数 f”来表示岩石破坏的难易程度。通常称 f 为普氏岩石坚固性系数，如下式所示：

$$f=\frac{R_c}{10} \tag{3-24}$$

式中 R_c——岩石的单轴抗压强度，MPa。

f 是个无量纲的值，它表明某种岩石的坚固性比致密的黏土坚固多少倍，因为致密黏土的抗压强度为 10 MPa。岩石坚固性系数的计算公式简洁明了，可用于预计岩石抵抗破碎的能力及其钻掘以后的稳定性。

据此将煤层硬度分为极硬煤层（$f\geqslant4$）、硬煤层（$4>f\geqslant3$）、中硬煤层（$3>f\geqslant1.5$）、软煤层（$1.5>f\geqslant0.8$）、极软煤层（$0.8>f\geqslant0.5$）5 个类别。

3.7 瓦斯放散初速度

煤的瓦斯放散初速度 Δp 是表征含有瓦斯的煤体暴露时放散瓦斯（即瓦斯从吸附状态转化为游离状态）快慢的一个指标，即煤初始暴露时煤层气涌出的速度，反映了煤在常压下吸附瓦斯的能力和放散瓦斯的速度，表现了煤的微观结构。Δp 表示煤放散瓦斯的性能，该性能由煤的物理、力学性质决定。在瓦斯含量相同的条件下，煤的瓦斯放散初速度越大，煤的破坏程度越严重，越易于形成具有携带破碎煤能力的瓦斯流，即越有利于突出的发生和发展。

煤的瓦斯放散初速度指标是从现场采取煤样后，在实验室内进行测定的。若此指标超过10，说明表面煤层结构已经遭到破坏，煤已具备突出性能。当瓦斯压力达不到突出所需要的临界压力值时，煤层暂时还不会发生突出，一旦压力达到突出所需要的临界压力数值时，煤层就有可能发生突出。

3.7.1 瓦斯放散初速度测定仪及原理示意图

煤的瓦斯放散初速度指标测定的基本方法是：煤样在试验仪器内吸附瓦斯，放散后，观测50 s内瓦斯压力的变化值，并将其作为指标来表示煤的瓦斯放散初速度的大小。测定装置由真空泵、纯甲烷瓶、煤样杯、玻璃管系统及水银压力计组成。

3.7.2 采样与制样

(1) 采样。在煤层新暴露面上采取煤样250 g(地面打钻取样时取新鲜煤心250 g)。煤样要附有标签，注明采样地点、层位、采样时间等。

(2) 制样。将所采煤样粉碎，筛分出粒度为0.2～0.25 mm的煤样。每一煤样取2个试样，每个试样重3.5 g。

3.7.3 测定步骤

(1) 把2个试样用漏斗分别装入测定仪的2个试样瓶中。

(2) 启动真空泵对2个试样脱气1.5 h。

(3) 脱气1.5 h后关闭真空泵，将甲烷瓶与试样瓶连接，充气(充气压力0.1 MPa)使2个煤样吸附瓦斯1.5 h。

(4) 关闭试样瓶与甲烷瓶和大气之间的阀门，使试样瓶与甲烷瓶、大气隔离。

(5) 检查水银计面是否在同一水平面上，否则，开动真空泵对仪器管道死空间进行脱气，使U形管水银面两端相平。

(6) U形管水银面两端相平后，停止真空泵，关闭仪器死空间通往真空泵的阀门，打开试样瓶的阀门，使煤样瓶与仪器被抽空的死空间相连并同时启动秒表计时，10 s时关闭阀门，读出汞柱计两端汞柱差 p_1，45 s时再打开阀门，60 s时关闭阀门，再一次读出汞柱计两端汞柱差 p_2。

(7) 瓦斯放散初速度指标按下式计算：

$$\Delta p = p_2 - p_1 \tag{3-25}$$

同一煤样的2个试样测出的 Δp 值不应大于1，否则需要重新进行测定。

4 煤层气卸压开采理论与技术

4.1 煤层气卸压开采理论与技术概述

煤层的采动会引起其周围岩层产生“卸压增透”效应，即引起周围岩层地应力降低-卸压、孔隙与裂缝增生张开，上覆煤岩层冒落、破裂、下沉与下伏煤岩层破裂、上鼓，以及地质构造封闭的破坏与封闭的地质构造因采动而开放、松弛，三者综合导致围岩及其煤层的透气性系数大幅度增加，为卸压瓦斯高产高效抽采创造前提条件。从卸压瓦斯流动通道观点看，采动破坏的造缝作用在采空区上方垂向方向形成“三带”——垮落带(形成贯通采场的空洞与裂缝网络通道)、断裂带(形成层向与垂向裂缝网络通道)和弯曲下沉带(形成层内层向裂缝网络通道)。煤层开采在上覆岩层中形成采动裂缝垂向分带。从卸压瓦斯流动观点看，岩层的冒落、自然充填的支撑和压实等作用，在采空区上方的横向方向也产生“三带”——初始卸压增透增流带、卸压充分高透高流带和地压恢复减透减流带，横向的“三带”在垂向的断裂带和弯曲下沉带内都存在。煤层开采在其上覆岩层中形成的采动影响分带模型如图 4-1 所示。

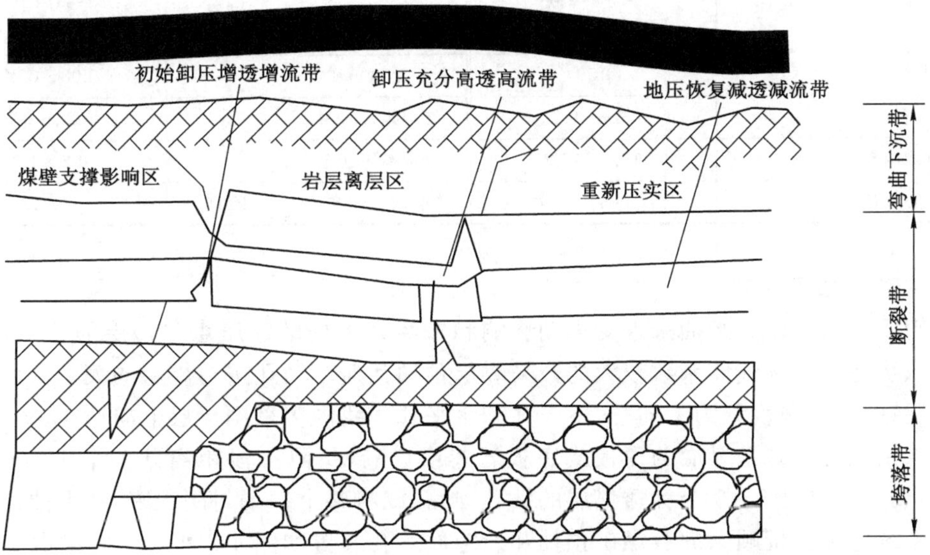

图 4-1 采动覆岩移动破坏“三带”和“三区”的分布

开采煤层的瓦斯抽采，是在煤层开采之前或采掘的同时，用钻孔或巷道进行该煤层的瓦斯抽采工作。煤层开采前的抽采属于未卸压抽采，在受到采掘工作面影响范围内的抽采属于卸压抽采。决定未卸压煤层抽采效果的关键性因素，是煤层的天然透气性系数。煤层透气性系数是指表征煤层对瓦斯流动的阻力，反映瓦斯沿煤层流动难易程度的系数。按照煤层的透气性系数对未卸压煤层预抽瓦斯的难易程度进行分级，结果见表 4-1。

表 4-1　未卸压煤层抽采瓦斯难易程度分级表

类别	钻孔流量衰减系数/d^{-1}	煤层透气性系数/[$m^2/(MPa^2 \cdot d)$]
容易抽采	<0.003	>10
可以抽采	0.003～0.05	10～0.1
较难抽采	>0.05	<0.1

表 4-2 为国内某些矿井的煤层原始透气性参数。由表 4-2 可知，各矿井的煤层透气性系数差别很大。在透气性系数较大的煤层抽采瓦斯时效果较好。例如，辽宁抚顺龙凤矿的煤层透气性系数为 150 $m^2/(MPa^2 \cdot d)$，能抽出大量高浓度的瓦斯，1992 年抚顺矿务局共抽出瓦斯 1.09×10^8 m^3。对于透气性系数小的煤层，未卸压抽采效果很差，实际意义不大。在这类煤层内打钻抽采时，即使抽采之初的抽出量较大，每孔达到 0.1～0.3 m^3/min，但是衰减很快，几天甚至几小时后就能减小到失去抽采意义。这类煤层必须在卸压的情况下或人工增大透气性系数后，才能抽出瓦斯。

表 4-2　一些矿井的煤层透气性系数

矿井	煤层	透气性系数/[$m^2/(MPa^2 \cdot d)$]	矿井	煤层	透气性系数/[$m^2/(MPa^2 \cdot d)$]
抚顺龙凤矿		150	北票冠山矿		0.08～0.228
抚顺胜利矿		31～39.2	红卫坦家冲井	6	0.24～0.72
包头河滩沟矿		11.2～17.2	涟邵蛇形山矿	4	0.2～1.08
天府磨心坡矿	9	0.004～0.04	淮南谢一矿	B116	0.228

4.1.1　未卸压抽采瓦斯

未卸压抽采瓦斯是指抽采未受采动影响和未经人为松动卸压煤(岩)层的瓦斯，也称为预抽。该法适用于透气性系数较大的开采煤层预抽瓦斯。钻孔按与煤层的关系分为穿层钻孔和沿层钻孔；按角度分为上向孔、下向孔和水平孔。我国多采用穿层上向钻孔。

穿层钻孔是在开采煤层的顶板或底板岩巷或煤巷，每隔一段距离开一个 10 m 长的钻场，从钻场向煤层打 3～5 个穿透煤层的钻孔，封孔或将整个钻场封闭起来，装上抽瓦斯管并与抽采系统连接。抚顺老虎台煤矿预抽瓦斯穿层钻孔布置如图 4-2 所示。中梁山矿底板预抽瓦斯穿层钻孔布置如图 4-3 所示。芦岭煤矿底板穿层钻孔布置如图 4-4 所示。

该方法的优点是施工方便，可以预抽的时间较长。如果是厚煤层下行分层开采，第一分层开采后，还可在卸压的条件下，抽采未采分层的瓦斯。

沿层钻孔适用于赋存稳定的中厚或厚煤层，由运输平巷沿煤层倾斜打钻，或由上、下山

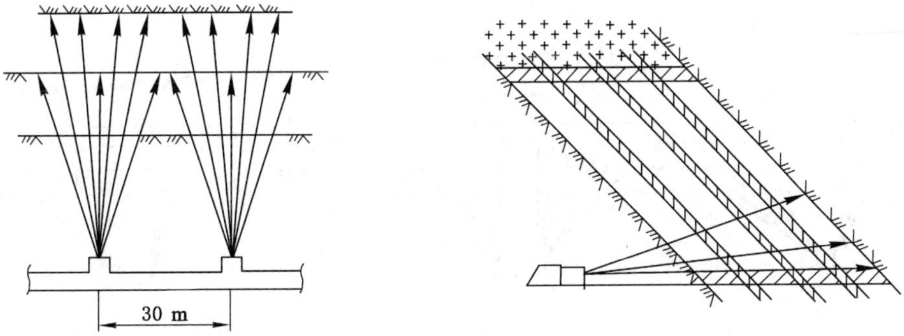

(a) 平面图　　　　(b) 剖面图

图 4-2　抚顺老虎台煤矿预抽瓦斯钻孔布置图

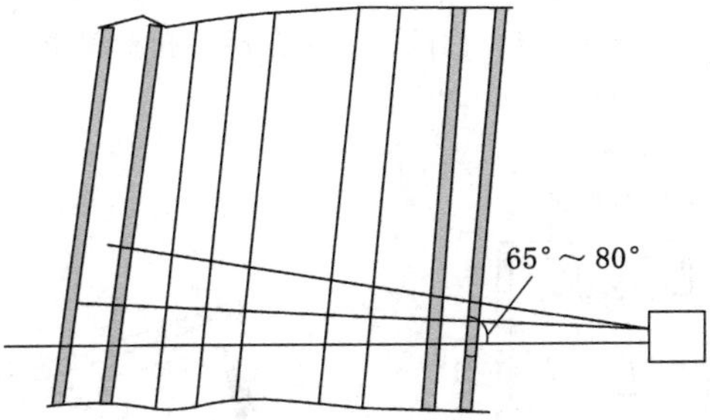

图 4-3　中梁山矿预抽瓦斯穿层钻孔布置图

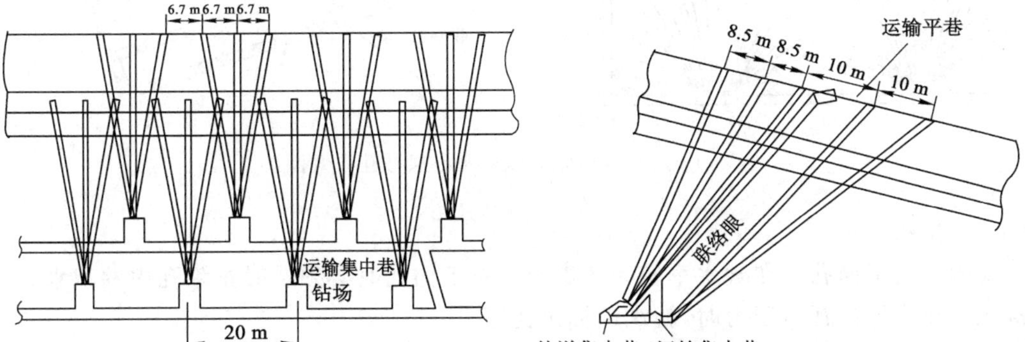

(a) 平面图　　　　(b) 剖面图

图 4-4　芦岭煤矿底板穿层钻孔布置图

沿煤层走向打水平孔。这类抽采方法常受采掘接替的限制，抽采时间不长，影响了抽采效果。国外采用的可弯曲钻，能由岩巷或地面打沿层钻孔，大大延长了抽采的时间。芙蓉白皎矿底板穿层钻孔布置如图 4-5 所示，联络眼沿层钻孔布置如图 4-6 所示。芦岭矿预抽瓦斯顺层钻孔布置如图 4-7 所示。

我国于 1987 年开始了顺层钻孔瓦斯治理研究工作，着重于井下水平长钻孔的打钻工艺。

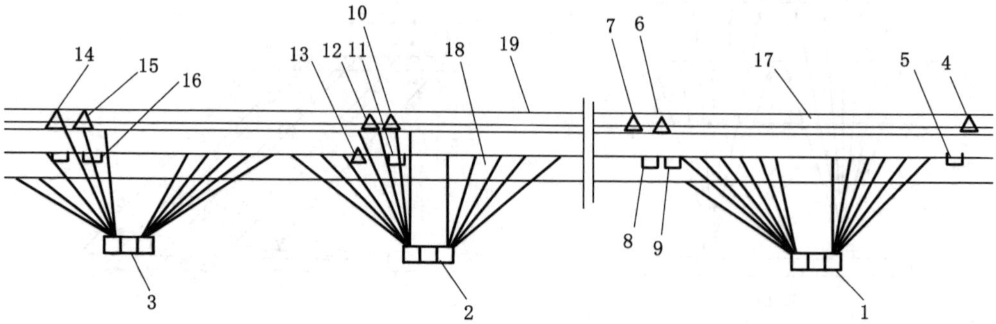

1、2、3—221、223、225 底板岩巷；4—2212 机巷；5、8、9、11、13、16—四号煤层巷道；
6、10、15—2212、2232、2252 风巷；7、12、14—2212、2232、2252 瓦斯巷；
17—二号煤层；18—四号煤层；19—二号煤层顺层钻孔。

图 4-5　芙蓉白皎矿底板穿层钻孔布置图

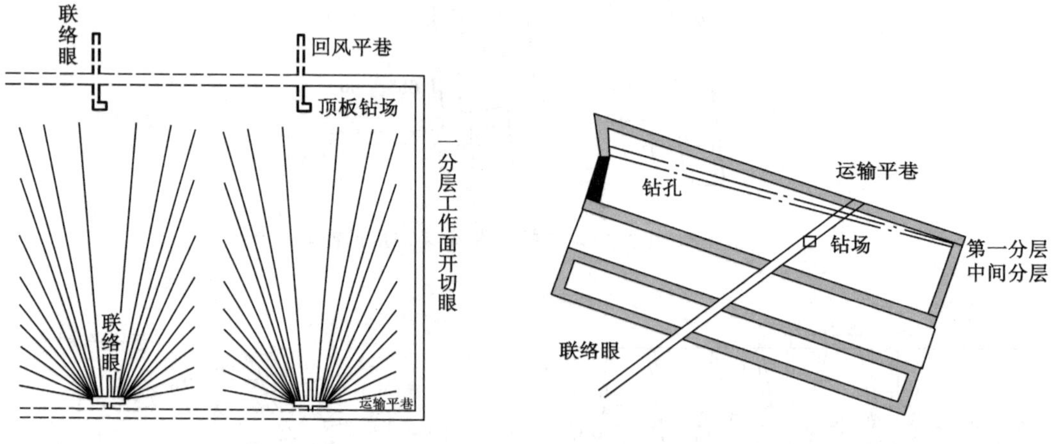

图 4-6　芙蓉白皎矿联络眼沿层钻孔布置图

4.1.1.1　钻孔方向

我国多为上向孔。在含水率较大的煤层内打下向孔时必须及时排除孔内的积水。孔内水静压大于煤层的瓦斯压力时，就难以抽出瓦斯。

4.1.1.2　孔间距

孔间距是决定抽采效果的重要参数。抽采瓦斯开始后，钻孔周围的瓦斯含量和瓦斯压力逐渐降低，随着时间的延长影响范围逐渐达极限值，其影响半径称极限抽采半径。钻孔的间距应小于极限抽采半径。由此可知，在极限半径范围内，抽采的时间长，钻孔的间距就可以大些；抽采的时间短，钻孔的间距就应该小些。预抽前应根据可能抽采的时间，通过试抽确定合理的孔间距，一般为 30～50 m。

4.1.1.3　抽采负压

抽采负压与抽出量的关系，国内外都有不同的看法。瓦斯在煤层内流动的快慢，虽然决定于压差和透气性系数，但是煤层内的瓦斯压力为几个到几十个大气压，而钻孔内的瓦斯压力变化不可能超过 1 个大气压。因此，提高抽采负压对瓦斯的抽出量影响不大，反而增加了孔口和

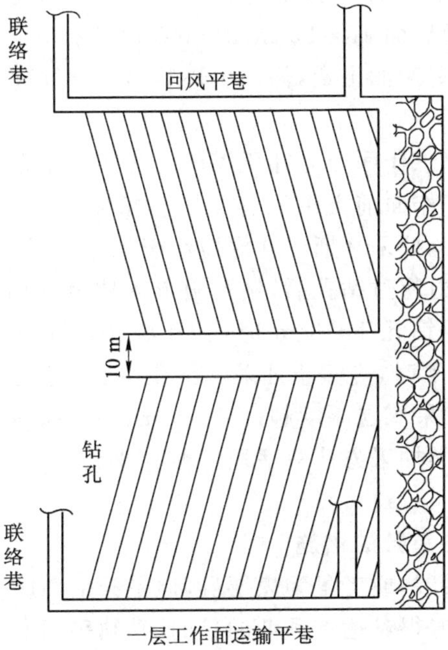

图 4-7 芦岭矿预抽瓦斯顺层钻孔布置图

管道系统的漏气，管内放水也更困难。一般情况下，钻孔口负压以不超过 14 kPa 为宜。

4.1.1.4 钻孔直径

抽采瓦斯钻孔直径一般为 70～100 mm。钻孔直径对瓦斯抽出量的影响随煤层不同而异。例如，辽宁抚顺龙凤矿－400 m 水平、直径 100 mm 钻孔的瓦斯涌出量为 0.005 1～0.017 7 m^3/(min・m)，直径为钻孔 20 倍的巷道瓦斯涌出量仅为 0.005 3～0.025 2 m^3/(min・m)，只增大了 1.2～1.4 倍；山西阳泉矿务局的试验表明，预抽瓦斯钻孔直径由 73 mm 增大至 300 mm，抽出瓦斯量约增大 3 倍；河北开滦矿务局历时 3 年的试验研究结果表明，大直径钻孔(ϕ180 mm)抽采瓦斯量是普通直径钻孔(ϕ89～108 mm)抽采瓦斯量的 2.23～2.30 倍(在一年时间内)。

河南焦作矿务局科研所研制的自动变径扩孔钻具，与 MYZ-150 型瓦斯抽采坑道钻机相匹配，外径 90 mm，可扩孔直径 150 mm。

4.1.2 卸压钻孔抽采瓦斯

卸压抽采瓦斯是指抽采受采动影响和经人为松动卸压煤(岩)层的瓦斯。在受开采或掘进的采动影响下，煤层和围岩的应力重新分布，形成卸压区和应力集中区。在卸压区内煤层膨胀变形，透气性系数大大增大。如果在这个区域内打钻抽采瓦斯，可以提高抽出量，并阻截瓦斯流向工作空间。这类抽采方法现场称为边掘边抽和边采边抽。

4.1.2.1 边掘边抽

边掘边抽是指掘进巷道的同时，抽采巷道周围卸压煤体内瓦斯。在掘进巷道的两帮，随掘进巷道的推进，每隔 10～15 m 开一钻孔窝，在巷道周围卸压区内打钻孔 1～2 个，孔径 45～60 mm，封孔深 1.5～2.0 m，封孔后连接抽采系统进行抽采。孔口负压不宜过高，一般为 5.3～6.7 kPa。巷道周围的卸压区长度一般为 5～15 m，个别煤层可达 15～30 m。河北开滦赵各庄矿在掘进工作面后面 15～20 m 处，用煤电钻打孔，孔深 4～9 m，孔距 4～6 m，封孔后抽采，减小了煤帮的瓦斯涌出量，保证了煤巷的安全掘进。

4.1.2.2 边采边抽

边采边抽是指抽采采煤工作面前方卸压煤体的瓦斯或厚煤层开采时抽采未采分层卸压煤体的瓦斯。它是在采煤工作面前方由机巷或风巷每隔 20～60 m 的距离，沿煤层倾斜方向、平行于工作面打钻、封孔、抽采瓦斯。孔深应小于工作面斜长 20～40 m。工作面推进到钻孔附近时，当最大集中应力超过钻孔后，钻孔附近煤体就开始膨胀变形，瓦斯的抽出量也因而增大。工作面推进到距钻孔 1～3 m 时，钻孔处于煤面的挤出带内，大量空气进入钻孔，瓦斯浓度降低到 30%以下时，应停止抽采。钻孔在下行分层工作面应靠近底板，在上行分层工作面应靠近顶板。如果煤层厚度超过 6～8 m，在未采分层内打的钻孔，当第一分层开采后，仍可继续抽采。这类抽采方法只适用于赋存平稳的煤层，有效抽采时间不长，每孔的抽出量不大。

4.1.3 人工增加煤层透气性系数的措施

透气性系数低的单一煤层，或者虽为煤层群，但是开采顺序上必须先采瓦斯含量大的煤层，则上述抽采瓦斯的方法就很难达到预期的目的，必须采用专门措施增加煤层的透气性系数以后才能抽出瓦斯。国内外已试验过的措施有煤层注水、水力压裂、水力割缝、深孔预裂爆破、交叉钻孔和煤层的酸液处理等。

煤层卸压方法分类如图 4-8 所示。

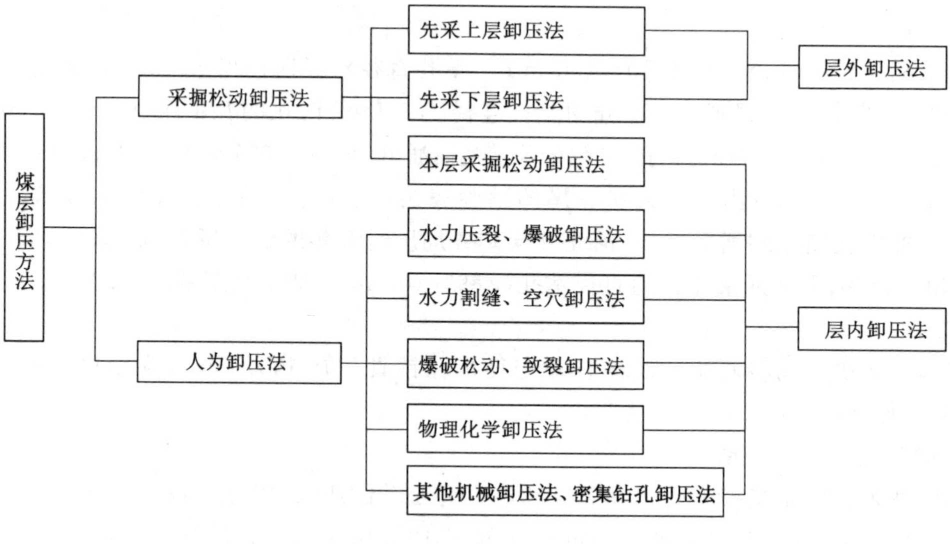

图 4-8 煤层卸压方法分类图

4.1.3.1 水力压裂

水力压裂是指在钻孔内以水作为动力，在无自由面的情况下使煤体裂隙畅通的一种措施，通常是将大量含砂的高压水或其他溶液注入煤层，迫使煤层破裂，产生裂隙后砂子作为支撑剂停留在缝隙内，阻止它们重新闭合，从而提高煤层的透气性系数。注入的液体排出后，就可进行瓦斯的抽采工作。辽宁抚顺龙凤矿北井、山西阳泉、湖南红卫等矿都曾做过这种方法的工业性试验。例如，湖南红卫里王庙矿四层煤，一般钻孔的涌出量最大为 0.3 m^3/min，压裂后增至 0.44～4.8 m^3/min。

4.1.3.2 水力割缝

水力割缝是指在钻孔内运用高压水射流对钻孔两侧的煤体进行切割，形成一定深度的扁平缝槽的一种措施，通常是用高压水射流切割钻孔两侧煤体，形成大致沿煤层扩张的孔洞与裂缝，增加煤体的暴露面，造成割缝上、下煤体的卸压，提高它们的透气性系数。这种方法是煤炭科学研究总院抚顺研究院与河南鹤壁矿务局合作进行的研究。鹤壁四矿在硬度为 0.67 的煤层内，用 8 MPa 的水压进行割缝时，在钻孔两侧形成深 0.8 m、高 0.2 m 的缝槽，钻孔百米瓦斯涌出量由 0.010～0.079 m^3/min 增加到 0.047～0.169 m^3/min。

4.1.3.3 深孔预裂爆破

深孔预裂爆破是指在钻孔内利用炸药爆破作为动力，使煤体裂隙增大，提高煤层透气性的一种措施。

4.1.3.4 酸液处理

酸液处理是向含有碳酸盐类或硅酸盐类的煤层中，注入可溶解这些矿物质的酸性溶液。

4.1.3.5 交叉钻孔

交叉钻孔是指平行钻孔与斜交钻孔交替布置的钻孔。除沿煤层打垂直于走向的平行孔外，还打与平行钻孔呈 15°～20°夹角的斜向钻孔，形成互相连通的钻孔网。其实质相当于扩大了钻孔直径，同时斜向钻孔延长了钻孔在卸压带的抽采时间，也避免了因钻孔坍塌而对抽采效果的影响。在河南焦作九里山矿的试验结果表明，这种布孔方式与常规的布孔方式相比，相同条件下提高抽采量 0.46～1.02 倍。

4.2 邻近层抽采瓦斯方法

4.2.1 邻近层的瓦斯抽采

邻近层抽采瓦斯是指抽采受开采层采动影响的上、下邻近煤层（可采煤层、不可采煤层、煤线、岩层）的瓦斯。开采煤层群时，开采煤层的顶、底板围岩将发生冒落、移动、龟裂和卸压，透气性系数增大，开采煤层附近的煤层或夹层中的瓦斯就能向开采煤层的采空区转移。这类能向开采煤层采空区涌出瓦斯的煤层或夹层，则称为邻近层。位于开采煤层顶板内的邻近层称为上邻近层，底板内的称为下邻近层。

邻近层的瓦斯抽采是在有瓦斯赋存的邻近层内预先开凿抽采瓦斯的巷道，或预先从开采煤层或围岩大巷内向邻近层打钻，将邻近层内涌出的瓦斯汇集抽出。前一方法称巷道法，后一方法称钻孔法。不论采用哪种方法，都可以抽出瓦斯。至于抽出量、抽出瓦斯中的甲烷浓度、可抽采的时间等安全经济效益，则有赖于所选择的方法和有关参数。

为什么邻近层抽采总能抽出瓦斯呢？一般认为，煤层开采后，在其顶板形成 3 个受采动影响的地带：垮落带、断裂带和弯曲下沉带，在其底板则形成卸压带。在距开采煤层很近、垮落带内的煤层，将随顶板的冒落而冒落，瓦斯完全释放到采空区内，这类煤层很难进行邻近层抽采。断裂带内的煤层发生弯曲、变形，形成采动裂隙，并由于卸压，煤层透气性系数显著增大，瓦斯在压差作用下，大量流向开采煤层的采空区。因此，邻近层距开采煤层越近，流向采空区的瓦斯量越大。如果在这些煤层内开凿抽瓦斯的巷道，或者打抽瓦斯的钻孔，瓦斯就向两个方向流动：一是沿煤层流向巷道或钻孔；二是沿层间裂隙流向开采煤层的采空区。因为抽采系统的压差总是大于邻近层与采空区的压差，故瓦斯将主要沿邻近层流向抽采巷道或钻孔。但是瓦斯流向开采煤层采空区的阻力，随层间距的减小而降低，因此，抽出的瓦斯量也就将随之减小。与上述邻近层向开采煤层涌出瓦斯的情况相反，邻近层距开采层越远，抽采率越大，抽出的瓦斯浓度越高。

弯曲下沉带远离开采煤层，可以直达地表，呈平缓下沉状态，岩层的完整性未遭破坏，无采动裂隙与采空区相通，瓦斯一般不能流向开采煤层的采空区。但是由于煤层透气性系数的增加，瓦斯也可以被抽采出来，不过必须进行经济比较，确定是否值得抽采这类邻近层的瓦斯。

4.2.2 钻孔法抽采

国内外都广泛采用钻孔法，由开采煤层进、回风巷道或围岩大巷内，向邻近层打穿层钻孔抽瓦斯。当采煤工作面接近或超过钻孔时，岩体卸压膨胀变形，透气性系数增大，钻孔瓦斯的流量有所增大，就可开始抽采。钻孔的抽出量随工作面的推进而逐渐增大，达到最大值后能以稳定的抽出量维持一段时间（几十天到几个月）。由于采空区逐渐压实，透气性系数逐渐恢复，抽出量也将随之减小，直到抽出量减小到失去抽采意义，便可停止抽采。

4.2.3 巷道法抽采

巷道法抽采可以采用倾斜高抽巷和走向高抽巷抽采上邻近层中的瓦斯。20 世纪 80 年代试验成功的倾斜高抽巷，是在工作面尾巷开口，沿回风巷及尾巷间的煤柱平走 5 m 起坡，坡度 30°～50°，打至上邻近层后顺煤层走 20～40 m，施工完毕后，在其坡底打密闭墙穿管抽采。倾斜高抽巷间距 150～200 m。这种抽采方式在山西阳泉一矿、五矿和贵州盘江山脚树煤矿的实际应用中都取得了很好的效果，邻近层抽采率最高可达到 85%。走向高抽巷是 1992 年在阳泉矿务局 15 号煤层首次使用的，其施工地点在采区回风巷，沿采区大巷间煤柱先打一段平巷，然后起坡至上邻近层，顺采区走向全长开巷，施工完毕后，在其坡底打密闭墙穿管抽采，抽采率高达 95%。

4.2.3.1 邻近层的极限距离

邻近层抽采瓦斯的上限与下限距离，应通过实际观测，按“三带”的高度来确定。上邻近层取垮落带高度为下限距离，断裂带的高度为上限距离。下邻近层不存在垮落带，故不考虑上部边界，至于下部边界，一般不超过 60～80 m。

4.2.3.2 钻场位置

钻场位置应根据邻近层的层位、倾角、开拓方式以及施工方便等因素确定，要求能用最短的钻孔抽出最多的瓦斯，主要有下列 5 种：

(1) 钻场位于开采煤层的运输平巷内。

(2) 钻场位于开采煤层的回风巷内。

(3) 钻场位于层间岩巷内。

(4) 钻场位于开采煤层顶板，向断裂带打平行于煤层的长钻孔。

(5) 混合钻场，上述方式的混合布置。

钻场位于回风巷的优点是钻孔长度比较小，因为工作面上半段的围岩移动比下半段好，再加上瓦斯的浮力作用，抽出的瓦斯比较多；可减少工作面上隅角的瓦斯积聚；打钻与管路铺设不影响运输；抽采系统发生故障时，对开采影响较小，回风巷内气温较稳定，瓦斯管内凝结的水分比较少。缺点是打钻时供电、供水和钻场通风都比运输巷内困难，巷道的维护费用增大等。

4.2.3.3 钻场或钻孔的间距

决定钻场或钻孔间距的原则是工程量小、抽出瓦斯多且不干扰生产。阳泉一矿以采煤工作面的瓦斯不超限、钻孔瓦斯流量在 0.005 m^3/min 左右、抽出瓦斯中甲烷浓度为 35%以上作为确定钻孔距离的原则。煤层的具体条件不同，钻孔的距离也不同，有的 30～40 m，有的可达 100 m 以上。应该通过试抽，然后确定合理的距离。一般来说，上邻近层抽采钻孔距离大些，下邻近层抽采钻孔距离应小些；近距离邻近层钻孔距离小些，远距离的大些。通常采用钻孔距离为 1～2 倍层间距。根据国内外抽采情况，钻场间距多为 30～60 m。一个钻场可布置一个或多个钻孔。

不同钻孔间距的抽采效果如图 4-9 所示。

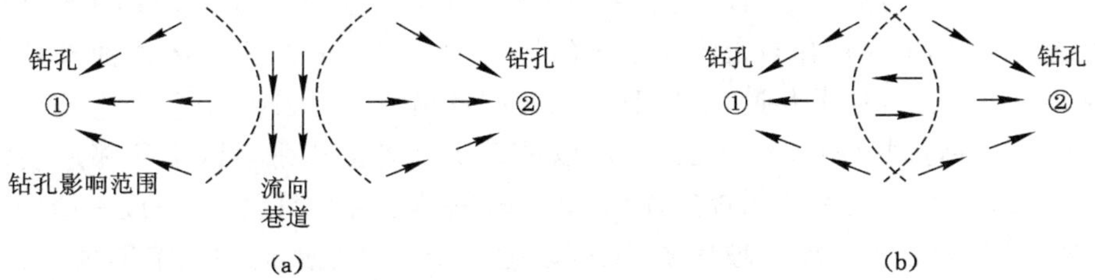

图 4-9 不同钻孔间距的抽采效果

如果一排钻孔不能达到抽采要求，应在运输水平和回风水平同时打钻抽采，在长的工作面内，还可由中间平巷打钻。

4.2.3.4 钻孔角度

钻孔角度是指钻孔的倾角（钻孔与水平线的夹角）和偏角（钻孔水平投影线和煤层走向或倾向的夹角）。钻孔角度与抽采效果关系很大。抽采上邻近层时的仰角，应使钻孔通过顶板岩石的断裂带进入邻近层充分卸压区。仰角太大，进不到充分卸压区，抽出的瓦斯浓度虽然高，但流量小；仰角太小，钻孔中段将通过垮落带，钻孔与采空区沟通，必将抽进大量空气，也大大降低抽采效果。下邻近层抽采时的钻孔角度没有严格要求，因为钻孔中段受开采影响而破坏的可能性较小。

4.2.3.5 钻孔进入的层位

对于单一的邻近层，钻孔应当穿透该邻近层。

对于多邻近层，如果符合下列条件时，也可以只用一个钻孔穿透所有邻近层：

（1）30 倍采高以内的邻近层，且各邻近层间的距离小于 10 m。

（2）30 倍采高以外的邻近层，且互相间的距离小于 15～20 m。

否则应向瓦斯涌出量大的各层分别打钻。

对于距离很近的上邻近层，一般应单独打钻，因为这类邻近层抽采要求孔距小，抽采时间也短，而且容易与采空区相通。对于下邻近层，应该尽可能用一个钻孔多穿过一些煤层。

4.2.3.6 孔径和抽采负压

与开采煤层抽采不同，孔径对瓦斯抽出量影响不大，多数矿井采用 57～75 mm 孔径。

同样抽采负压增加到一定数值后，也不可能再提高抽采效果，我国一般为几千帕，国外多为13.3～26.6 kPa。

4.3 采空区瓦斯抽采理论基础与技术

4.3.1 采空区瓦斯抽采

采空区抽采瓦斯是指抽采现采工作面采空区和老采空区的瓦斯。前者称现采空区(半封闭式)抽采，后者称老采空区(全封闭式)抽采。

采煤工作面的采空区或老空区积聚大量瓦斯时，往往因漏风带入生产巷道或工作面造成瓦斯超限而影响生产。例如，河北峰峰矿区厚度为 10 m 的大煤顶分层开采时，采煤工作面上隅角瓦斯浓度经常达 2.5%～10%，进行工作面采空区的瓦斯抽采后，解决了该处的瓦斯积聚问题。

采空区瓦斯抽采可分为全封闭式抽采和半封闭式抽采两类。全封闭式抽采又可分为密闭式抽采、钻孔式抽采和钻孔与密闭相结合的综合抽采等方式。半封闭式抽采是在采空区上部开掘一条专用瓦斯抽采巷道，如黑龙江鸡西矿务局城子河煤矿，在该矿巷道中布置钻场向下部采空区打钻，同时封闭采空区入口，以抽采下部各区段采空区中从邻近层涌入的瓦斯。抽采的采空区可以是一个采煤工作面，如重庆松藻矿务局打通一矿；或一两个采区的局部范围，如重庆天府矿务局磨心坡煤矿；也可以是一个水平结束后的大范围抽采，如重庆中梁山矿务局。

插管法抽采采空区瓦斯如图 4-10 所示。采空区预留管道抽采瓦斯(双埋管法)如图 4-11所示。采空区预留管道抽采瓦斯(气动阀门控制法)如图 4-12 所示。

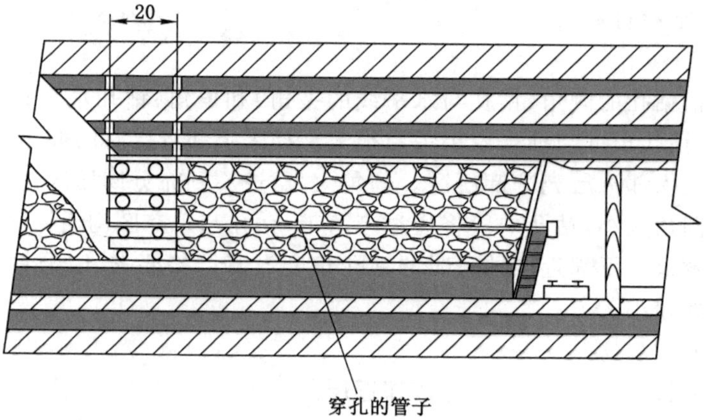

图 4-10　插管法抽采采空区瓦斯示意图

采煤工作面采空区瓦斯抽采，除采用上隅角排放瓦斯的方法外，如果垮落带内有邻近层或基本顶垮落瓦斯涌出量明显增加现象时，可由回风巷或上阶段运输巷，每隔一段距离(20～30 m)向采空区垮落带上方打钻抽采瓦斯，钻孔平行煤层走向或与走向间有一个不大的夹角。如果采空区内积聚高浓度瓦斯，可以通过回风巷密闭接管抽采。向冒落拱上方打钻孔抽采采空区瓦斯如图 4-13 所示。

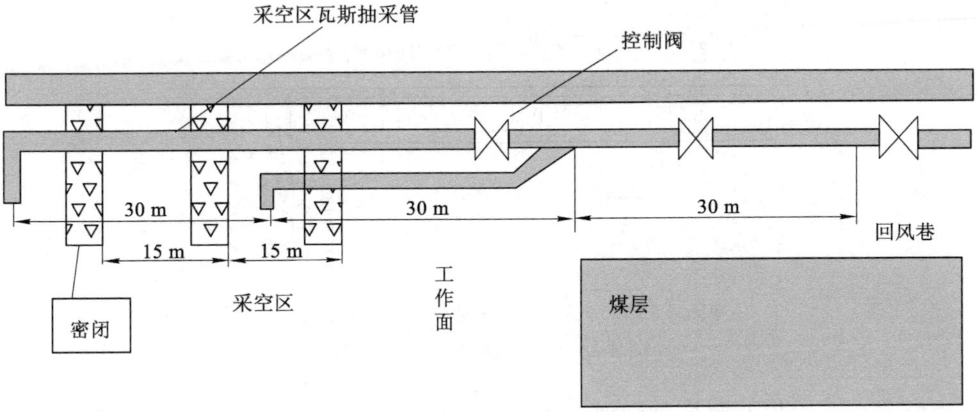

图 4-11 采空区预留管道抽采瓦斯(双埋管法)

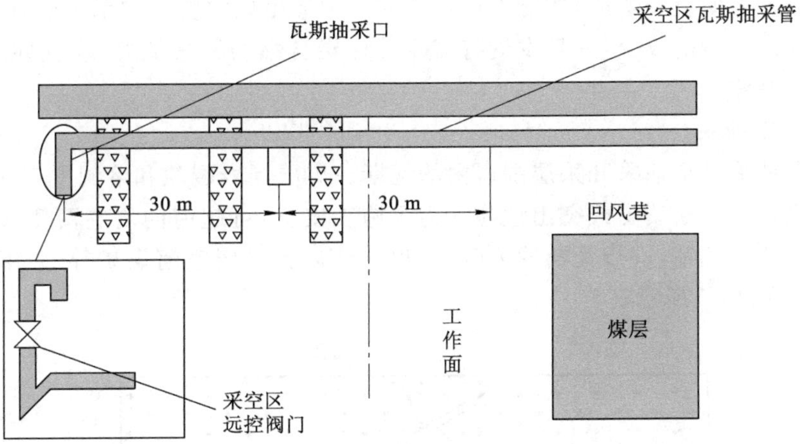

图 4-12 采空区预留管道抽采瓦斯(气动阀门控制法)

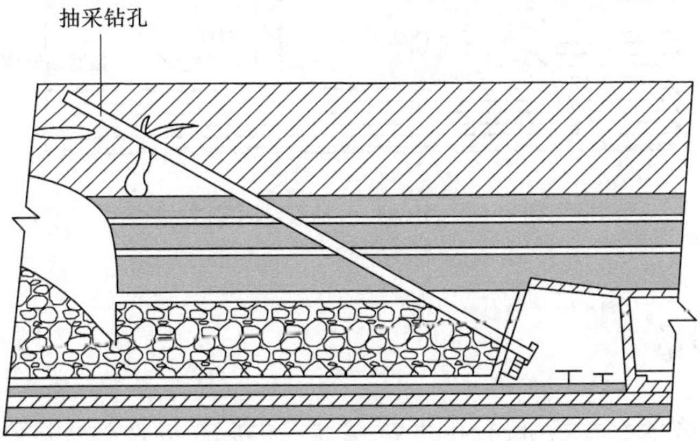

图 4-13 向冒落拱上方打钻孔抽采采空区瓦斯

尾巷抽采瓦斯布置如图 4-14 所示。

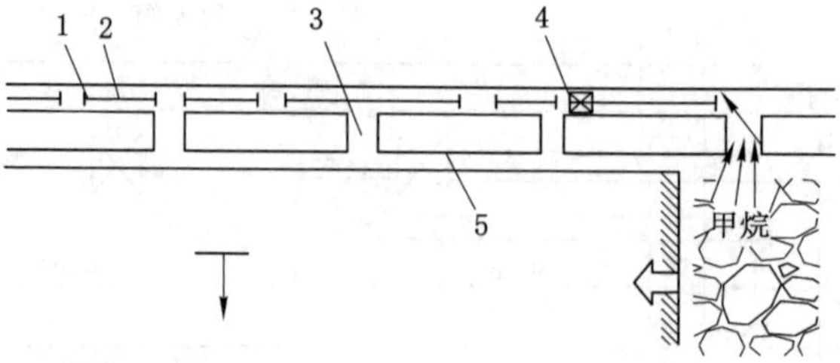

1—尾巷抽采瓦斯;2—瓦斯带;3—联络巷;4—密闭;5—回风巷。

图 4-14 尾巷抽采瓦斯布置图

采空区抽采前应将有关的密闭墙修整加固,减少漏风,然后在采空区上部靠近抽采系统的密闭墙外再加砌一道密闭墙,两墙之间填以砂土,接管进行抽采。

采空区抽采瓦斯时要及时检查抽采负压、流量、抽出瓦斯的成分与浓度。抽采负压与流量应与采空区的瓦斯量相适应,才能保证抽出瓦斯中的甲烷浓度。如果煤层有自燃危险,更应经常检查抽出瓦斯的成分,一旦发现有 CO 等煤炭自燃的异常征兆,应立即停止抽采,采取防止自燃的措施。

4.3.2 围岩瓦斯抽采

围岩瓦斯抽采是指抽采开采层围岩内的瓦斯。煤层围岩裂隙和溶洞中存在的高压瓦斯会对岩巷掘进构成瓦斯喷出或突出危险。为了施工安全,可超前向岩巷两侧或掘进工作面前方的溶洞裂隙带打钻,进行瓦斯抽采(如四川广旺矿务局唐家河煤矿等)。用钻孔引抽裂缝瓦斯方式如图 4-15 所示。

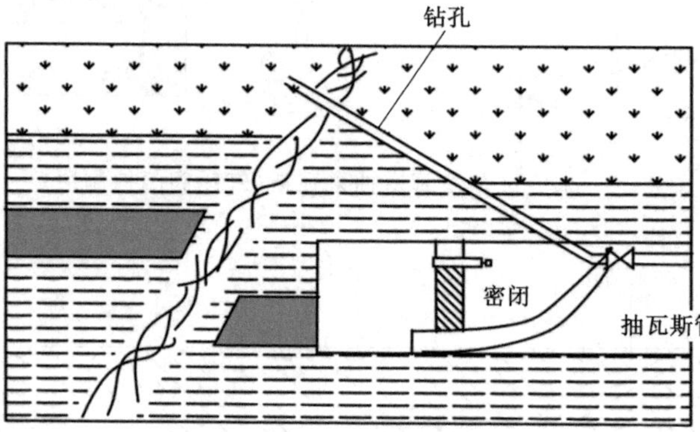

图 4-15 用钻孔引抽裂缝瓦斯方式

4.4 瓦斯抽采设备

抽采瓦斯的设备主要有钻机、封孔装置、管道、瓦斯泵、安全装置及检测仪表。钻机根据钻孔深度选择,可用装有排放瓦斯装置专用于打抽采钻孔的钻机,也可以用一般钻机。ZSM-250 型顺层强力钻机如图 4-16 所示,KY-300 型全液压钻机如图 4-17 所示。

图 4-16　ZSM-250 型顺层强力钻机

图 4-17　KY-300 型全液压钻机

钻孔打好后，将孔口段直径扩大到 100～120 mm，插入直径 70～80 mm 的钢管，用水泥砂浆封孔，也可以用胶圈封孔器或聚氨酯封孔。封口深度视孔口附近围岩性质而定，围岩坚固时 2～3 m，围岩松软时 6～7 m，甚至 10 m。封孔后，必须在抽采前用弯管、自动放水器、流量计、铠装软管或抗静电塑料软管、闸门等将钻孔与抽采管路连接起来。

4.4.1　抽采瓦斯的管道

抽采瓦斯的管道一般用钢管或铸铁管。管道直径是决定抽采投资和抽采效果的重要因素之一。管道内径 D(m)应根据预计的抽出量确定，可计算为：

$$D=\left(\frac{Q_c}{15\pi v}\right)^{\frac{1}{2}} \tag{4-1}$$

式中　Q_c——管内气体流量，m^3/min；

v——管内气体流速，m/s。

管内瓦斯流速应大于 5 m/s 且小于 20 m/ s，一般取 $v=10\sim15$ m/s，这样才能使选择的管径有足够的通过能力和较低的阻力。大多数矿井抽采瓦斯的管道内径为：采区 100～150 mm，大巷 150～300 mm，井筒和地面 200～400 mm。

管道铺设路线选定后，进行管道总阻力的计算，用来选择瓦斯泵。管道阻力计算方法和通风设计时计算矿井总阻力一样，即选择阻力最大的一路管道，分别计算各段的摩擦阻力和局部阻力，累加起来即整个系统的总阻力。

摩擦阻力 h_f(Pa)可用下式计算：

$$h_f=(1-0.004\,46c)\frac{LQ_c^2}{kD^5} \tag{4-2}$$

式中　L　　管道的长度，m；

D——管径，cm；

Q_c——管内混合气体的流量，m^3/h；

k——系数，见表 4-3；

c——混合气体中的瓦斯浓度。

表 4-3　k 的选取

管径/cm	3.2	4.0	5.0	7.0	8.0	10.0	12.5	15.0	>15.0
k	0.05	0.051	0.053	0.056	0.058	0.063	0.068	0.071	0.072

局部阻力一般不进行个别计算，而以管道总摩擦阻力的10%～20%作为局部阻力。管道的总阻力h_R为：

$$h_R=(1.1\sim1.2)\sum h_{fi} \tag{4-3}$$

式中　h_{fi}——i段管道的摩擦阻力，Pa。

4.4.2　瓦斯泵

常用的瓦斯泵有水环式真空泵、离心式鼓风机和回转式鼓风机。

水环式真空泵的结构如图4-18所示，其特点是真空度高、负压大、流量小、安全性好。它适用于抽出量不大，要求抽采负压高的矿井。

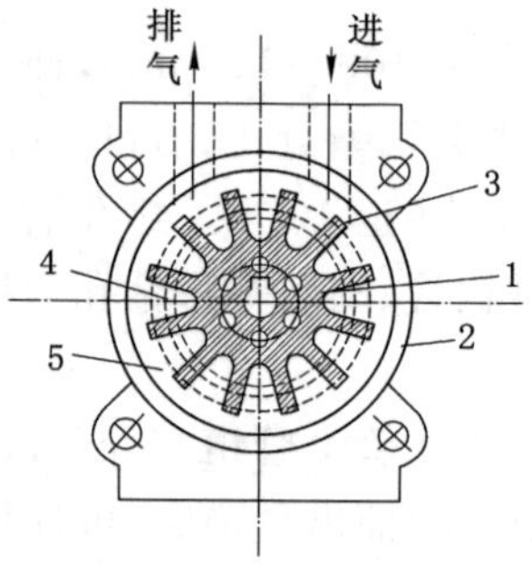

1—叶轮轴体；2—工作室；3—叶轮；4—空间；5—水环。

图4-18　水环式真空泵结构

离心式鼓风机的结构如图4-19所示，适用于瓦斯抽出量为20～1 200 m³/min，管道阻力在4～5 kPa范围内的瓦斯抽采。

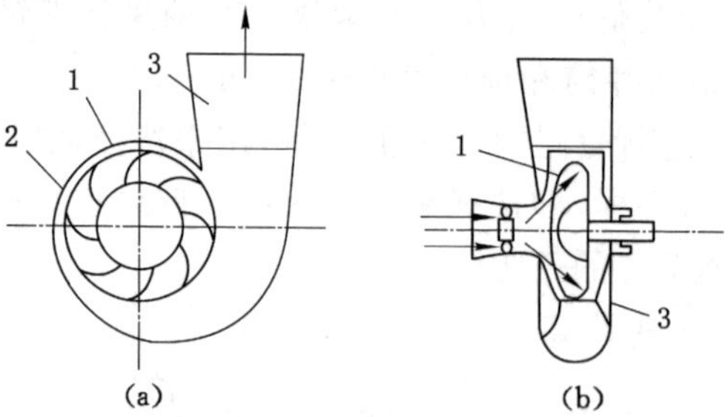

1—叶轮；2—机壳；3—扩散器。

图4-19　离心式鼓风机的结构

回转式鼓风机的特点是，管道阻力变化时，风机的流量几乎不变，故供气均匀，效率高。其缺点是噪声大，检修复杂。

回转式鼓风机包括罗茨鼓风机和叶式鼓风机，罗茨鼓风机的结构如图4-20所示，叶式鼓风机的结构如图4-21所示。

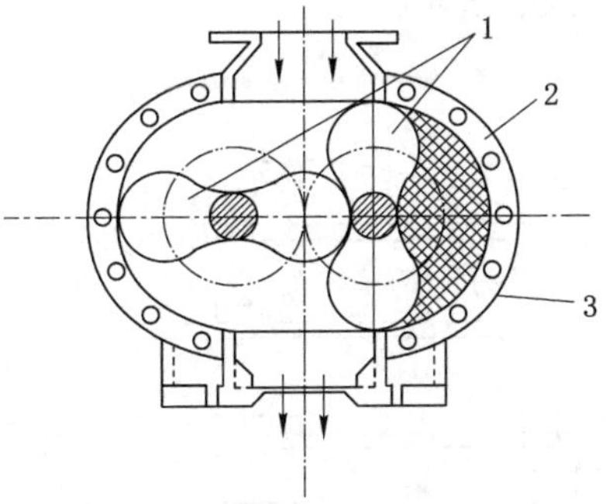

1—叶轮;2—可输送气体的体积;3—机壳。

图 4-20 罗茨鼓风机结构

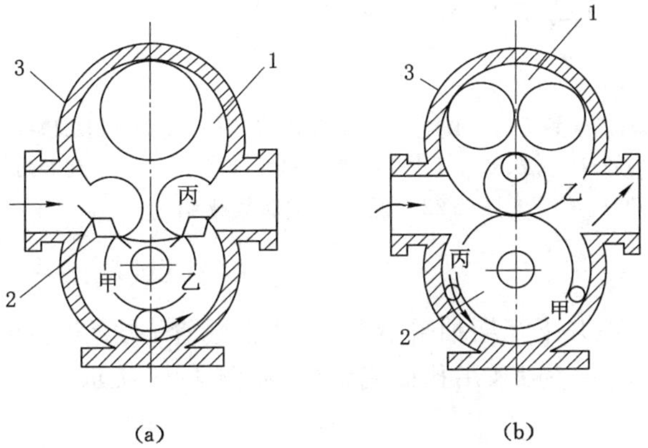

1—阻风翼;2—鼓风翼;3—外壳。

图 4-21 叶式鼓风机结构

4.4.3 储气罐

为了能够连续和稳定地向用户供应瓦斯以及充分利用瓦斯资源,一般应建造储气罐。储气罐按其压力大小分为中压和低压两种,按其密封方式分为干式和湿式两种。根据煤矿瓦斯利用的特点,通常选用低压湿式储气罐,其升降方式有外导架直升式、螺旋导轨式和无外导架直升式3种类型。

低压湿式储气罐升降方式如图4-22所示。

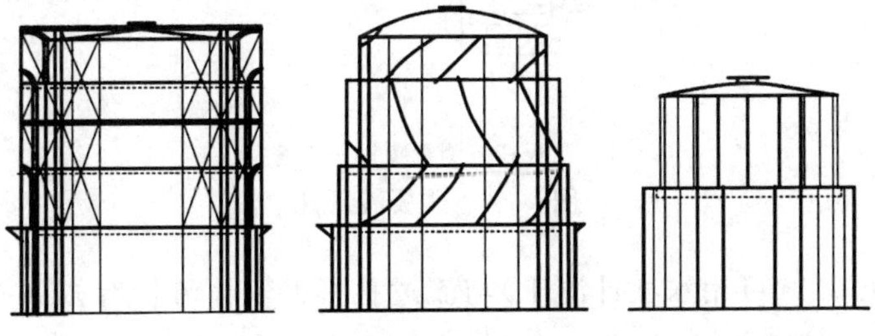

(a) 外导架直升式 (b) 螺旋导轨式 (c) 无外导架直升式

图 4-22 低压湿式储气罐升降方式

低压湿式储气罐结构如图 4-23 所示。

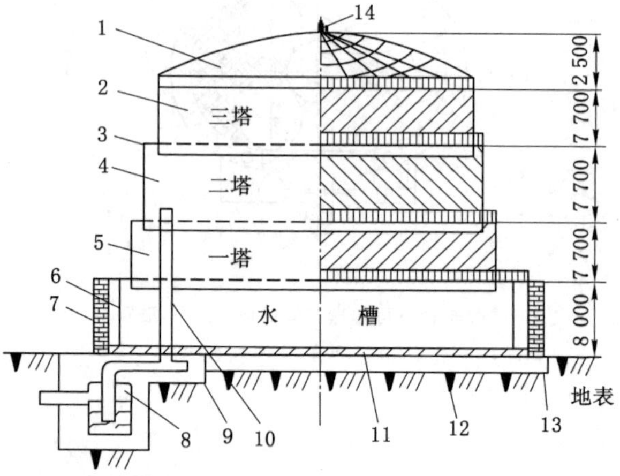

1—罐顶盖帽；2—钟罩；3—水封环；4—活动塔节；5——塔；6—钢水槽；7—保温墙；
8—水封器；9—闸门间；10—进、出瓦斯管；11—底座；12—细砂层；13—水泥基础环；14—放空闸门。

图 4-23　低压湿式储气罐结构

4.4.4　流量计

为了全面掌握与管理井下瓦斯抽采情况，需要在总管、支管和各个钻场内安设测定瓦斯流量的流量计。目前，井下一般采用孔板流量计，如图 4-24 所示。

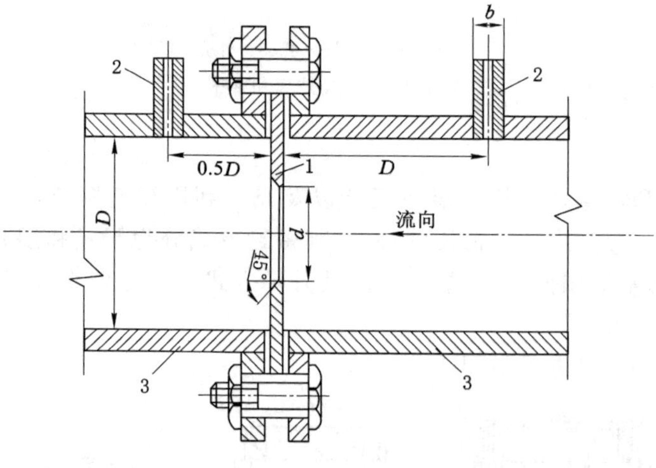

1—孔板；2—测量嘴；3—钢管。

图 4-24　孔板流量计

孔板两端静压差 h（可用水柱计测出）与流过孔板的气体流量有如下关系式：

$$Q = 9.7 \times 10^{-4} K\{hp/[0.716c + 1.293(1-c)]\}^{0.5} \tag{4-4}$$

式中　Q——温度为 20 ℃，压力为 101.3 kPa 时的混合气体流量，m^3/min；

h——孔板两端静压差,Pa;

p——孔板出口端绝对静压,Pa;

c——瓦斯浓度,%;

K——孔板流量计特性系数,$K=60K_t \cdot C_1 \cdot S_k(2g)^{0.5}$,$m^{2.5}/min$;

C_1——流速收缩系数,取 0.65;

K_t——孔板系数(加工精度好时取 1);

S_k——孔板孔口面积,m^2。

加工孔板流量计,孔口面积大小应由流量大小而定,孔口大,流量小,则 h 值很小,难以量出;流量大,孔口阻力损失太大。可参照表 4-4 选择孔板流量计特性系数。

表 4-4 孔板流量计特性系数

孔板直径/mm	流量/(m^3/min)		孔板特性系数/($m^{2.5}$/min)
	$\Delta p=98$ Pa	$\Delta p=980$ Pa	
2.0	0.002	0.005	5.20×10^{-4}
4.0	0.006	0.020	2.08×10^{-3}
6.0	0.015	0.046	4.73×10^{-3}
8.0	0.025	0.080	8.30×10^{-3}
10.0	0.040	0.127	1.32×10^{-2}
12.7	0.064	0.203	2.10×10^{-2}
25.4	0.256	0.812	8.40×10^{-2}
50.8	1.024	3.248	3.36×10^{-1}
76.2	2.304	7.308	7.58×10^{-1}
101.6	4.096	12.992	1.345

孔板的安装应保证孔板中心与管道中心相重合,注意方向要正确,法兰盘的垫片不能伸出到管内,孔口上沉积的污物应及时清理掉。

4.4.5 其他装置

4.4.5.1 放水器

放水器是指用于储存和放出抽采管路中积水的专用装置。为了及时放出管道内的积水,以免堵塞管道,在钻孔附近和管路系统中都要安装放水器。它主要包括人工放水器、U 形管自动放水器、负压自动放水器、正压人工放水器、正压自动放水器。最简单的放水器为 U 形管自动放水器,如图 4-25 所示。当 U 形管内积水超过开口端的管长 H 时,水则自动流出。这种放水器多用于钻孔附近,管的有效高度必须大于安装地点的管道内负压。

人工放水器结构如图 4-26 所示,正常抽采时打开放水器的 4 号阀门,关闭 2 号和 3 号阀门,管道里的水流入水箱。放水时,关闭 4 号阀门,打开 2 号和 3 号阀门,将水放出。

负压自动放水器结构如图 4-27 所示。正压人工放水器结构如图 4-28 所示。

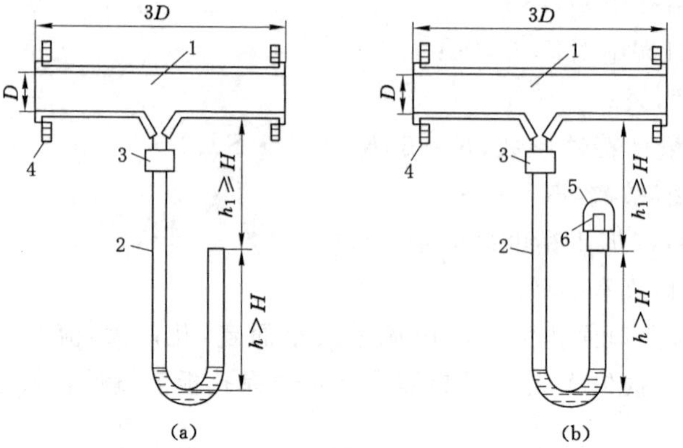

1—瓦斯管；2—U形管；3—放水管接头；4—活动法兰盘；5—放水管保护龙头；6—放水管管口胶皮阀。

图 4-25　U形管自动放水器结构

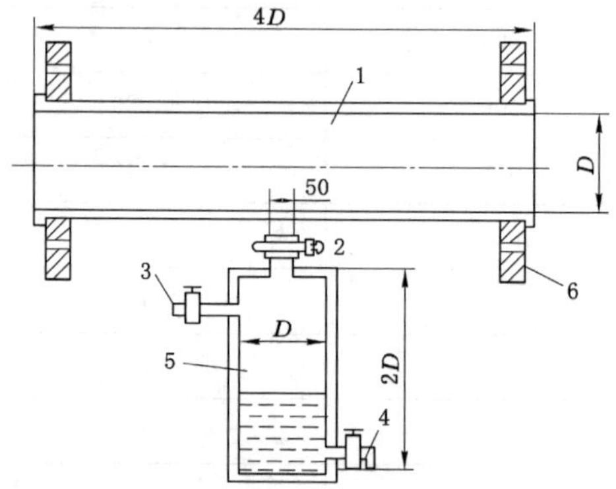

1—瓦斯管；2—放水罐阀门；3—空气入口阀门；4—放水口阀门；5—集水罐；6—活法兰盘。

图 4-26　人工放水器结构

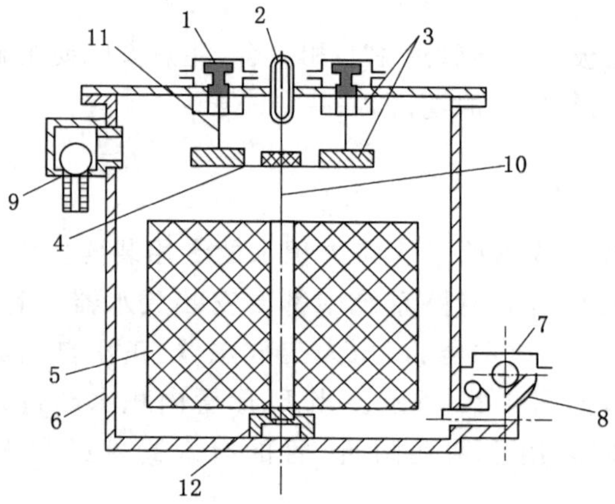

1—通大气阀门；2—负压平衡管；3—磁铁；4—托盘；5—浮漂；6—外壳；7—保护罩；8—进水阀；9—球阀；10—中心导向杆；11—侧向导向杆；12—导向座。

图 4-27　负压自动放水器结构

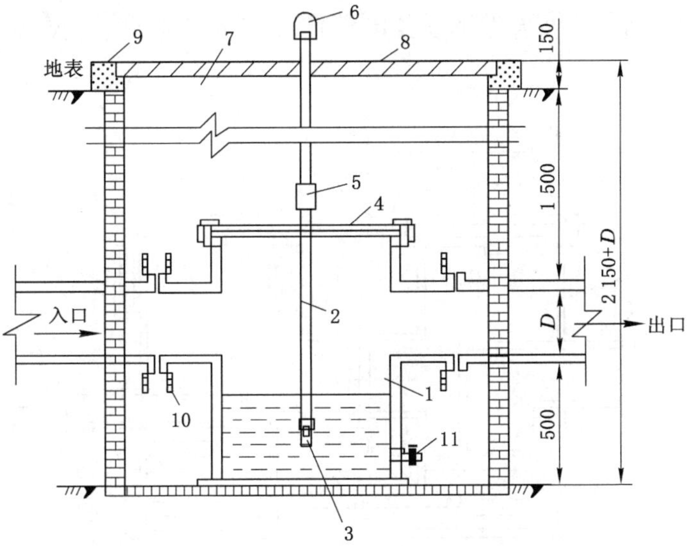

1—积水罐；2—抽水管；3—吸水龙头；4—集水罐盖；5—外接头；6—丝堵帽；7—暗井；
8—暗井水泥盖板；9—水泥槽座；10—活法兰盘；11—水罐放水口。

图 4-28　正压人工放水器结构

正压自动放水器结构如图 4-29 所示。

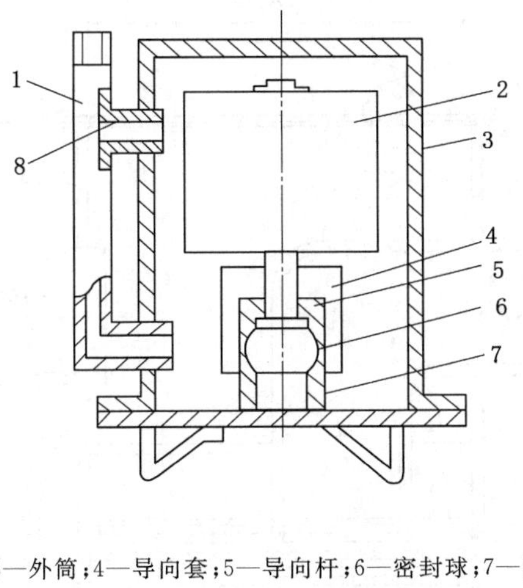

1—进水管；2—浮漂；3—外筒；4—导向套；5—导向杆；6—密封球；7—阀座；8—压力平衡管。

图 4-29　正压自动放水器结构

4.4.5.2　防爆、防回火装置

抽采系统正常工作状态遭到破坏，管内瓦斯浓度降低时，遇到火源，瓦斯就有可能燃烧或爆炸。防回火装置是指在抽采瓦斯管路中，阻止火焰蔓延的安全装置；水封防爆箱是指在抽采瓦斯管路中，用以隔爆的一种水箱式安全装置。为了防止火焰沿管道传播，《煤矿安全规程》规定，瓦斯泵吸气侧管路系统中，必须装设有防回火、防回流和防爆炸作用的安全装置。水封式防爆、防回火装置如图 4-30、图 4-31 所示。正常抽采时，瓦斯由进气口进入，经水封器由出口排出。管内发生瓦斯燃烧或爆炸时，火焰被水隔断、熄灭，爆炸波将防爆盖冲破而释放于大气中。

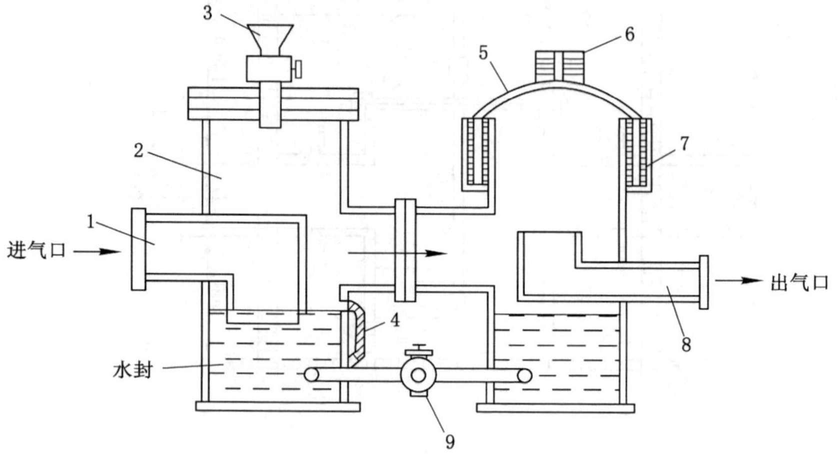

1—入口瓦斯管；2—水罐；3—注水管口；4—水位计；5—防爆盖；6—防爆盖加重配块；7—水封环形槽；8—排出瓦斯管；9—水封装置放水管。

图 4-30　水封式防爆、防回火装置(1)

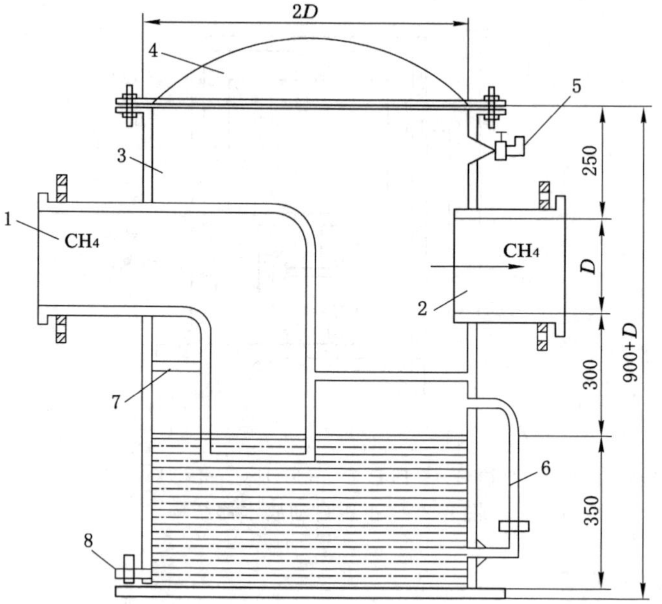

1—入口瓦斯管；2—出口瓦斯管；3—水封罐；4—防爆盖；5—注水管口；6—水位计；7—支承柱；8—放水管。

图 4-31　水封式防爆、防回火装置(2)

防回火网多由 4～6 层导热性能好而不易生锈的铜网构成，网孔直径约 0.5 m，如图 4-32、图 4-33 所示。瓦斯火焰与铜网接触时，网孔能阻止火焰的传播。

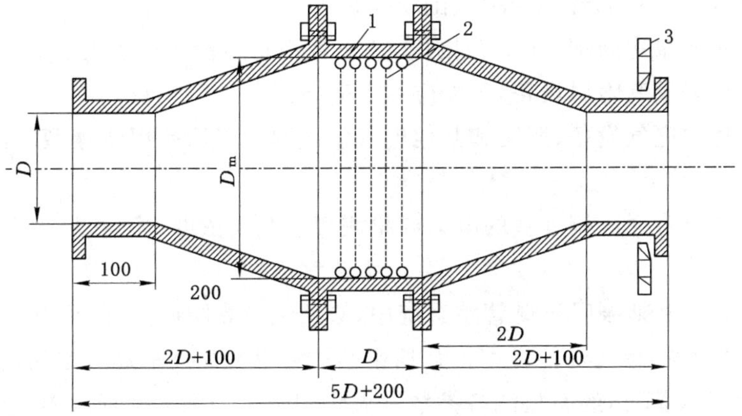

1—挡圈；2—铜丝网；3—活法兰盘。

图 4-32　铜网式防爆、防回火装置(1)

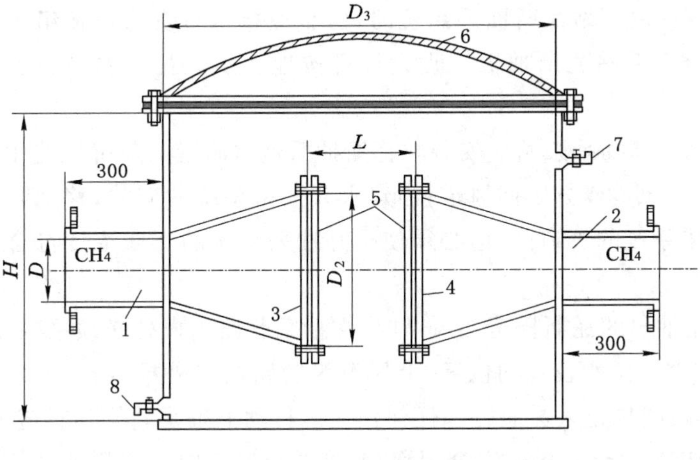

1—入口瓦斯管；2—出口瓦斯管；3—入口瓦斯管铜网；4—出口瓦斯管铜网；5—铜丝网；6—防爆胶皮板；7—测压孔；8—放水管。

图 4-33　铜网式防爆、防回火装置(2)

4.4.5.3　瓦斯抽采管道参数测定仪

中煤科工集团重庆研究院有限公司研制出了 WGC 型瓦斯抽采管道参数测定仪，用于井下或地面抽采泵站对瓦斯抽采管中的甲烷浓度、温度、抽采负压、抽采瓦斯的混合流量和纯流量进行流动检测和连续监测。

4.4.6 瓦斯泵房

4.4.6.1 对抽采瓦斯设施的要求

(1) 地面泵房必须用不燃性材料建造,且必须有防雷电装置。其距进风井口和主要建筑物的距离不得小于 50 m,并用栅栏或围墙保护。

(2) 地面泵房和泵房周围 20 m 范围内,禁止堆积易燃物和有明火。

(3) 抽采瓦斯泵及其附属设备,至少应有 1 套备用。

(4) 地面泵房内电气设备、照明和其他电气仪表都应采用矿用防爆型;否则必须采取安全措施。

(5) 泵房必须有直通矿调度室的电话和检测管道瓦斯浓度、流量、压力等参数的仪表或自动监测系统。

(6) 在干式抽采瓦斯泵吸气侧管路系统中,必须装设有防回火、防回气和防爆炸作用的安全装置,并定期检查,保持性能良好。瓦斯泵站放空管的高度应超过泵房房顶 3 m。

泵房必须有专人值班,经常检测各参数并做好记录。当抽采瓦斯泵停止运转时,必须立即向矿调度室报告。如果利用瓦斯,在瓦斯泵停止运转后和恢复运转前,必须通知使用瓦斯的单位,取得同意后,方可供应瓦斯。

4.4.6.2 设置井下临时抽采瓦斯泵站的规定

(1) 不具备建立地面永久瓦斯抽采系统条件的,对高瓦斯区应建立井下移动泵站瓦斯抽采系统。

(2) 建立井下移动泵站瓦斯抽采系统时,由企业技术负责人负责组织编制设计和安全技术措施。井下移动泵站瓦斯抽采工程设计可按地面永久瓦斯抽采工程设计的相关内容进行。

(3) 井下移动瓦斯抽采泵站应安装在瓦斯抽采地点附近的新鲜风流中。抽出的瓦斯必须引排到地面、总回风道或分区回风道;已建永久抽采系统的矿井,移动泵站抽出的瓦斯可直接送至矿井抽采系统的管道内,但必须使矿井抽采系统的瓦斯浓度符合《煤矿安全规程》规定。

(4) 移动泵站抽出的瓦斯排至回风道时,在抽采管路出口处必须采取安全措施,包括设置栅栏、悬挂警戒牌。栅栏设置的位置,上风侧为管路出口外推 5 m,上下风侧栅栏间距不小于 35 m。两栅栏间禁止人员通行和任何作业。移动抽采泵站排到巷道内的瓦斯,其浓度必须在 30 m 以内被混合到《煤矿安全规程》允许的限度以内。栅栏处必须设警戒牌和瓦斯监测装置,巷道内瓦斯浓度超限报警时,应断电、停止瓦斯抽采并进行处理。监测传感器的位置设在栅栏外 1 m 以内。

(5) 井下移动瓦斯抽采泵站必须实行专用变压器、专用开关、专用线路供电。

4.4.6.3 抽采瓦斯必须遵守的规定

(1) 利用瓦斯时,瓦斯浓度不得低于 30%,且在利用瓦斯的系统中必须装设有防回火、防回气和防爆炸作用的安全装置。不利用瓦斯、采用干式抽采瓦斯设备时,抽采瓦斯浓度不得低于 25%。

(2) 抽采容易自燃和自燃煤层的采空区瓦斯时,必须经常检查一氧化碳浓度和气体温度等有关参数的变化，发现有自然发火征兆时，应立即采取措施。

（3）井上下敷设的瓦斯管路，不得与带电物体接触并应有防止砸坏管路的措施。

4.4.6.4 瓦斯泵站布置方式

瓦斯泵站的布置方式必须满足技术上可行、经济上合理和安全可靠的要求。瓦斯泵站的布置如图 4-34 所示。

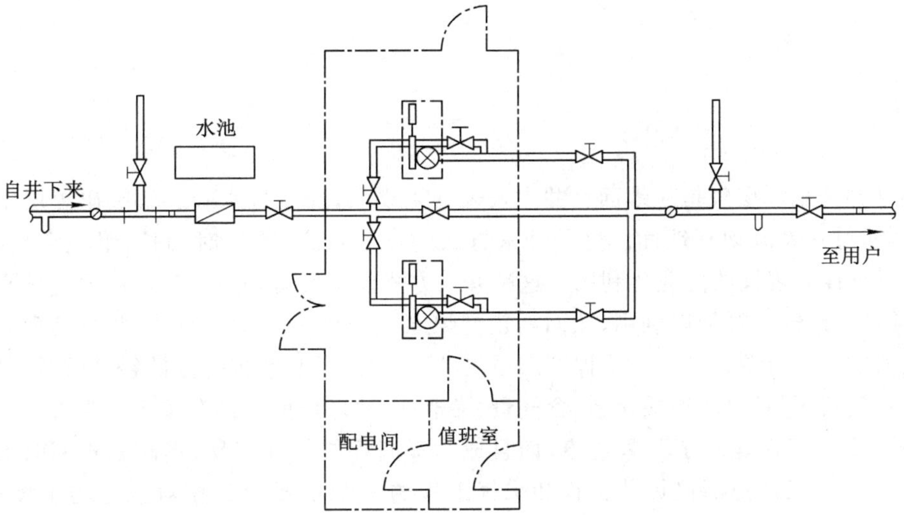

图 4-34 瓦斯泵站的布置

5 煤层气地面钻井抽采

5.1 概述

地面钻井开采煤层气是从地面钻井进入未开采煤层，通过排水降压解吸出煤层中的煤层气，再使其通过井筒流动到地面。这种开采方式的产气量大、产气时间长、甲烷含量高(大于90%)，可以支撑大规模的商业化利用。这种开采方式使人们看到煤层气可以通过井孔排采到地面，像常规天然气一样加以利用，从而真正把煤层气当作一种矿产看待，并将其列入具有重要经济价值的矿产资源行列。为了保证煤层气的可采性，并且获得一定的经济效益，这种开发方式对煤层气资源量、煤层地质构造、含气量、渗透率、地理环境等都有较高的要求。

钻井技术不仅仅建立了开采通道，而且成为提高煤层气井产量、提高采收率的新途径和主要手段。完井工程是衔接钻井工程和采气工程的一个重要而又相对独立的工程环节，其目的是建立生产层与井筒之间的良好通道，保证煤层气井长期高产稳产。煤层气的开发通常情况下是井网开发。井网的布局，即井位和井型的确定，对于煤层气的大规模高效生产，提高煤层气开发利用的经济效益具有决定性作用。水力增透抽采技术可以很好地解决煤层气渗透性差的问题，是一项很好的煤层气增产措施。

5.2 地面抽采煤层气井的井型及井身结构

5.2.1 地面抽采井井型

5.2.1.1 直井

直井的特点是井口、井底在同一条铅垂线上，井眼沿铅直方向钻进并在规定的井斜角和方位角范围内钻达目的层位。除此之外，直井可分为地面采动区井和地面垂直井。目前的煤层气钻井方式中，直井技术发展成熟，费用较低，操作简单，也没有太大的使用限制，应用范围广，是国内煤层气开发活动中普遍采用的方式。直井井型如图 5-1 所示。

根据煤层特点及国内钻井装备水平和钻井技术水平，目前国内煤层气开发以直井为主，但考虑到后期排采的要求，对直井的垂直度要求较高(一般小于 3°)，经过近年来煤层气直井的施工，总结选配出一套适合煤层气地面抽采直径的钻井设备，并研究出相应的钻井工艺及防斜保直和纠斜技术。

由目前所探测的煤层深度以及目前开发区块的煤层气开发情况可知，煤层气开发井钻井深度在 1 500 m 以下，一般开孔直径为 311 mm，终孔直径为 215.9 mm，钻压为 30～150 kN，转速为 30～80 r/min。转盘扭矩经验公式如下：

$$M = k_1 k_2 p R \tag{5-1}$$

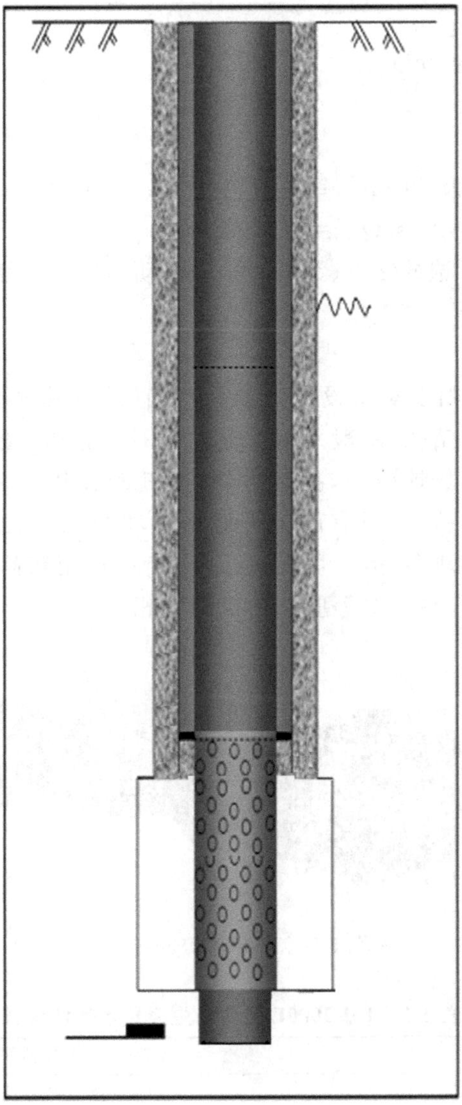

图 5-1　直井井型

式中　M——扭矩，kN·m；

k_1——钻头旋转阻力系数，对于新钻头一般可取 0.1～0.2；

k_2——考虑波动和损失系数，一般取 1.2～1.3；

p——钻压，kN；

R——阻力作用点半径，m，$R=2D/3$，D 为钻头直径，m。

根据转盘扭矩经验公式算得所需要的最大扭矩为 8.1 kN·m。

流量计算公式如下：

$$Q_{\max}=\frac{1.834(D^2-d^2)}{\rho_m D} \tag{5-2}$$

$$Q_{min}=\frac{1.433(D^2-d^2)}{\rho_m D} \tag{5-3}$$

式中 ρ_m——钻液密度，kg/m^3；

D——钻头直径，m；

d——钻杆直径，m。

一般采用的钻杆直径为 89 mm，钻头直径为 127 mm，冲洗液密度为 1.0～1.1 g/cm^3，经过计算可得：Q_{max}=47.74 L/s，Q_{min}=18.41 L/s。

根据以上数据分析，所选的钻机、钻塔、泥浆泵、动力机等设备满足钻进所需要的扭矩、泵量即可。

(1) 钻机

适用的钻机以水源钻机及类似设备为最好，不宜采用其他类型的钻机。水源系列钻机可施工 3 000 m 以内的钻孔，一般采用 TSJ-2000E 型钻机(图 5-2)，其技术性能参数见表 5-1。该设备轻便，占用场地较小，拆装方便，搬迁和使用费用较低，钻井成本也较低。煤田勘探等以取心为主的钻机，没有施工类似井径和井深钻孔的能力，油田用钻机施工能力强，设备庞大，占用场地多，拆装烦琐，搬迁和使用费用较高，钻井成本高。钻机的配套设备如钻塔、游车、大钩、动力机等应与钻机能力相适应。

图 5-2 TSJ-2000E 型钻机

表 5-1 TSJ-2000E 型钻机主要技术性能参数

钻进深度/m		ϕ73 mm API 钻杆：2 000	
		ϕ89 mm API 钻杆：1 500	
转盘通径/mm		660	
转盘转速(正、反)/(r/min)		37,52,84,145	
转盘输出扭矩/(kN·m)		21,14.9,9.2,5.4	
转盘最大搓扣扭矩/(kN·m)		86	
卷扬机单绳最大提升力/kN		80,35,20	
卷扬机二层绳速/(m/s)		0.84,1.90,3.30	
使用动力	型号	6135AN	Y325S-4
	功率/kW	110	110
输入转速/(r/min)		730	
外形尺寸/(mm×mm×mm)		3 880×1 965×1 290	
绞车提升能力/kN		80	
主机质量(不含动力)/kg		7 820	

(2) 钻塔

选用宝鸡市伟力石油设备有限公司生产的 JJ60/27-A 型钻塔，其主要技术参数见表 5-2。

表 5-2　JJ60/27-A 型钻塔主要技术参数

井架有效高度/m	二层台高度/m	最大钩载/kN	天车型号
27	17.5	700	TC-60

该钻塔性能优越，有如下特点：

① 井架设置了可以排放 2 km API 标准 ϕ127 mm 钻杆的平台和悬挂吊钳的平衡机构。

② 井架底座采用槽钢焊接，设计成 3 块结构，便于快速安装、拆卸和运输。

③ 井架能够依靠钻机整体拉起、整体落下、整体安装、整体拆卸，方便、快捷、安全。

(3) 泥浆泵

根据具体的工程选用 TBW-850 型(图 5-3)或 TBW-1200 型(图 5-4)或 F-800 型泥浆泵(图 5-5)，其主要技术参数分别见表 5-3～表 5-5。

图 5-3　TBW-850 型泥浆泵

图 5-4　TBW-1200 型泥浆泵

图 5-5　F-800 型泥浆泵

表 5-3　TBW-850 型泥浆泵主要技术参数

型式		卧式、双缸双作用活塞式往复泵
缸套内径/mm		140,130,95
活塞行程/mm		260
理论排量/(L/min)		850,600,350
额定压力/MPa		5,6,8
往复次数/(次/min)		66
吸水管直径/mm		152
排水管直径/mm		64
输入功率/kW	电动机	YB280M-4:90
	柴油机	6135T 型:160～180
外形尺寸/(mm×mm×mm)		3 015×1 120×2 050
质量/t		3.1

表 5-4　TBW-1200 型泥浆泵主要技术参数

型式		卧式、双缸双作用活塞式往复泵
缸套内径/mm		160
活塞行程/mm		260
理论排量/(L/min)		1 200
额定压力/MPa		7
往复次数/(次/min)		76
输入功率/kW	电动机	185
	柴油机	176
外形尺寸/(mm×mm×mm)		3 045×1 400×2 420
质量/t		7.2

表 5-5　F-800 型泥浆泵主要技术参数

型式		卧式、三缸单作用活塞泵
缸套直径/mm		170,150,130
活塞行程/mm		229
额定压力/MPa		13.64,17.52,23.30
冲数/(次/min)	额定功率/kW	理论排量/(L/s)
160	636	41.51,32.32,24.28
150	596	38.92,30.30,22.76
140	557	36.33,28.28,21.24
130	517	33.73,26.26,19.73
120	477	31.14,24.24,18.21
100	437	25.28,22.22,16.69
吸入管径/mm		300
排出管径/mm		102
质量/t		14.6

以上各类型泥浆泵性能特点如下：

① 泥浆泵公称压力较大，能够满足 1 500 m 深孔无岩心钻进和绳索取心钻进的需要。

② 泥浆泵公称流量较大，能够满足外径 127 mm 以下液动冲击器和螺杆钻具的动力需要。

③ 泥浆泵工况适应性强，易损件少，检修维护方便。

(4) 动力机

动力机应与钻机、泥浆泵能力相适应，一般采用 135 系列柴油机，有条件的地区可采用电动机，以降低成本。钻机的动力一般采用 6 V 135 型柴油机，施工定向井时多采用 12 V 135 型柴油机；泥浆泵动力一般采用 12 V 135 型柴油机，施工定向井时由于泥浆泵能力较大，可采用 190 系列柴油机。

(5) 绳索取心绞车

选用 SJ-1 型绳索取心绞车。规格型号：外形尺寸(长×宽×高)为 1 260 mm×660 mm×860 mm(不包括动力)；质量为 234 kg(不包括动力)。该绞车有离合器、变速机构，可以根据孔深和地层条件选用适当的提升速度，操作灵活可靠，驱动分别可以用柴油机或电动机，功率为 5.5 kW，钢丝绳容量为 1 500 m，卷筒直径为 170 mm，配功率为 5.5 kW 电动机，主要技术参数见表 5-6～表 5-8。

表 5-6 钢丝绳容量

钢丝绳直径/mm	绳绕层数/层	钢丝绳长度/m
4.8	24	1 902
5.3	21	1 491
5.7	20	1 325
6.0	19	1 159

表 5-7 提升速度

速别	卷筒转速/(r/min)	提升速度/(m/s)		
		空卷筒	满绳时	平均速度
Ⅰ	59	0.56	1.21	0.89
Ⅱ	95	0.89	1.95	1.42
Ⅲ	152	1.43	3.12	2.28

表 5-8 提升能力

速别	提升能力/kN	
	空卷筒	满绳时
Ⅰ	883	408
Ⅱ	554	255
Ⅲ	346	159

(6) 泥浆固控设备

有条件时可采用振动筛、旋流除泥器，无此设备时要设计好泥浆槽、沉淀池，使其便于充分清除钻井液中的岩粉、砂及有害固相物。

(7) 钻杆

由式(5-1)计算得出目前所需要的最大扭矩为 8.1 kN·m，所选用的钻机转盘最大扭矩为 21 kN·m，而 API 标准的 E 级钢钻杆和接头抗扭屈服强度见表 5-9。

表 5-9　API-E 级钢钻杆和接头抗扭屈服强度

钻杆尺寸/mm	最小抗扭屈服强度/(kN·m)
ϕ89	16.090
ϕ114	24.874
ϕ127	51.082

所以，E 级钢钻杆即可满足钻进需要。可采用 ϕ114 mm、ϕ127 mm API 标准的 E 级钻杆，既安全又节约成本。方钻杆可采用 ϕ118 mm、ϕ133 mm 两种规格。钻杆要保证完好、无内伤。

(8) 钻铤

钻铤的选择根据以下公式计算：

$$\text{允许最小钻铤外径} = 2\text{倍套管接箍外径} - \text{钻头直径} \tag{5-4}$$

$$\text{钻铤重量} = \frac{\text{设计的最大钻压} \times \text{安全系数}(1.15 \sim 1.25)}{\text{钻井液浮力系数}} \tag{5-5}$$

在用 ϕ311.1 mm、ϕ215.9 mm 钻头时，下入的套管尺寸分别是 ϕ177.8 mm、ϕ140 mm，经计算，在钻进中可采用 ϕ159 mm、ϕ120 mm 钻铤、ϕ159 mm 钻铤的长度不能少于 100 m，ϕ120 mm 钻铤的长度不能少于 120 m，钻铤要保证完好、无内伤。为了保证测斜准确，需 ϕ159 mm 或 ϕ165 mm 无磁钻铤一根，长度不能小于 6 m。

(9) 钻头

对煤层气井而言，虽然参数井需取心钻进，但占主导地位的是无岩心的全面钻进。虽然传统以破岩方式划分的各种钻进方法都能实现全面钻进，但最适宜的地层范围是不同的，由破岩方式所引起的钻头成本和钻进效率显著不同，其中以组合了冲击、切削两种方法的破岩方式适应最广，单纯以冲击或切削方式为主的破岩方式都有其限制。当今所采用的全面钻进方法主要有牙轮钻头(图 5-6)钻进、冲击回转钻进、PDC 钻头(图 5-7)钻进 3 种。牙轮钻头齿形较多，类球形、楔形、锐齿形都有，它们都具有较高的硬度和韧性，其中以楔形、类球形齿更加适用于以中硬为主的沉积岩，锐齿则更加适用于弱固结表土层和软岩层。牙轮自转产生的冲击和公转产生的切削是破碎岩石的主要方法，有效地组合压入、冲击和切削破岩方式，是适应最广的全面钻进方法。冲击回转钻进即常说的潜空锤钻进，其以冲击为主要破岩方式，对硬岩层的效果更好，不适宜软岩或多孔隙松散层钻进。PDC 钻头钻进以高硬度的聚晶金刚石复合片为切削工具，主要以切削方式破碎岩石，也可以用这种材料制作 PDC 牙轮钻头，具有耐磨、强度大等特点，回次进尺长，可减少因钻头的磨损而带来的大提钻。因此，牙轮钻头钻进是较好的、广泛被使用的全面钻进方法，冲击回转钻进和 PDC 钻头钻进在有条件的情况下使用可以提高钻进效率，也值得推广应用。

图 5-6　牙轮钻头

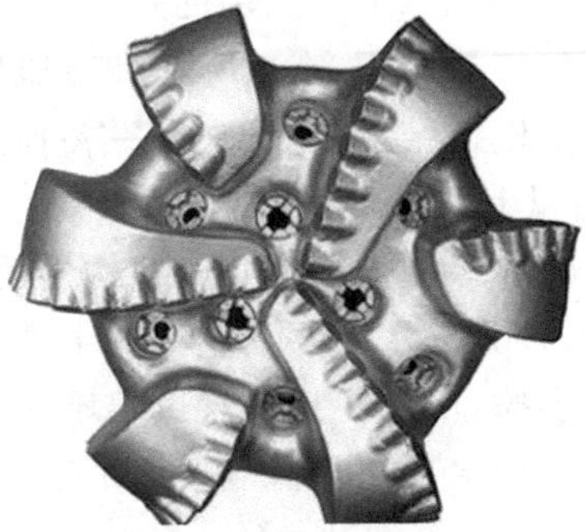

图 5-7　PDC 钻头

5.2.1.2　定向井

定向井就是按照一定的目的要求，沿着设计轨道钻达预定目的层位的井。定向井一般包括丛式井、多分支水平井、U 型水平井、L 型水平井等井型。

丛式井又称密集井、成组井，如图 5-8 所示，是在一个位置和限定的井场上向不同方位钻数口至数十口定向井，使每口井沿各自的设计井身轴线分别钻达目的层位的钻井方式。该技术最大的优点是整体钻井场地占用小、对植被破坏小，应用前景好，通常用于城市、良田、沼泽等地区，可节省大量投资，并便于集中管理，可以开发渗透率较低的薄煤层，但是需要研究与之相应的排采设备匹配问题，减小排采设备磨损，降低排采设备维护费用，减少检泵作业次数。

随着钻井定向技术的引入，丛式井设计逐步取代了直井方案。丛式井的优势显而易见——相对直井而言，使用定向技术可以在同一井场向不同方向钻井，既可满足覆盖区块资源的要求，又能降低地面基建成本，从而提高区块开发的整体效益。从某种意义上说，丛式井是直井的一个变型，所以同直井一样，丛式井的单井产量不高，单独使用此井型时的开发效率差强人意。

多分支水平井又称羽状水平井或鱼骨井，如图 5-9 所示，是指一个或多个主水平井眼盘侧再侧钻出多个分支井眼。

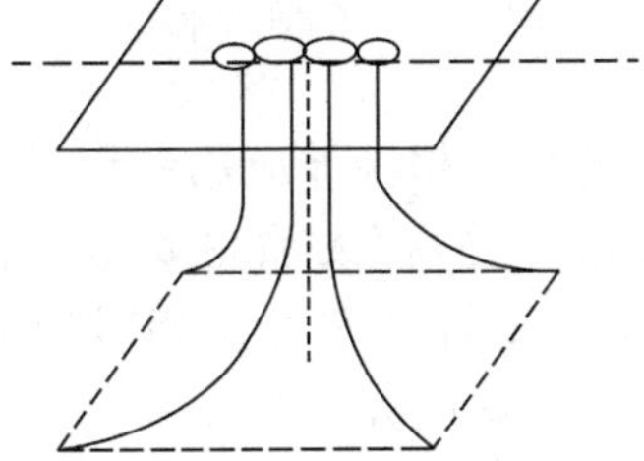

图 5-8　丛式井

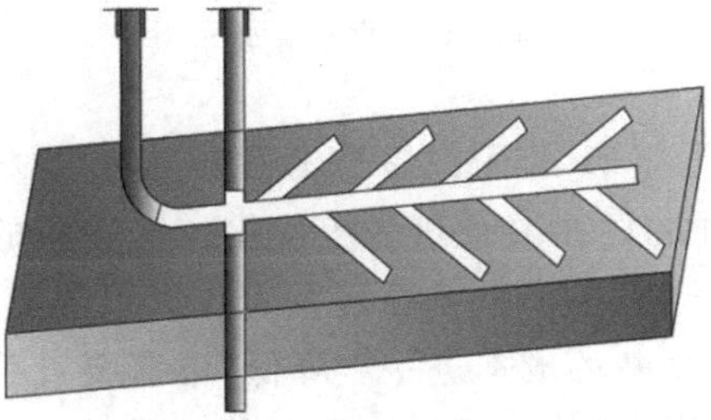

图 5-9　多分支水平井

近十年来，储层地质导向技术趋于成熟，我国的煤层气开发进入水平井时代，其中中石油、中联煤层气、亚美能源、奥瑞安、格瑞克等公司先后开始采用水平井开发方案。相对直井和丛式井而言，水平井极大地提高了煤储层的暴露面积，因此产气量成倍数地增加。

第一代水平井采用的是多分支技术，通过在目的层中部部署水平分支井眼，扩大井筒与储层的接触面积，有效弥补和克服储层连通性差、渗流面积有限和导流能力不足的缺陷。根据数值模拟结果，多分支水平井控制的渗流面积比直井大 10～15 倍，因此其产能比直井大 10 倍以上，投资回收期相对较短。但多分支水平井也有其自身的不足，如钻井成本高，同时要求煤层厚度大、稳定分布、构造简单，所以同样具有一定的局限性。此外，由于工程技术的原因，多分支水平井只能在其主支下放衬管支撑孔壁（煤层极易垮塌），而其他分支无法进行有效支撑，所以一旦分支煤层垮塌，产气量便随之减少，故而无法实现长期稳产。

U 型水平井（图 5-10）又称 U 型对接井，U 型井技术即 U 型水平连通井技术，是沿煤层倾向从高端向低端钻进的一种井型。其采气功效相当于单分支水平井与洞穴井的结合，适用于渗透率中等或较强、施工难度高、煤层稳定的储层。有两种储层特别适合这种井型：一种是含水量比较大的储层，可以保证水平井排水和洞穴直井采气同时进行；另一种是面割理和端割理只有一种相对发育的储层，水平井垂直于较为发育的割理方向，可起到最大的沟通作用。

实施此类型水平井时，需要先行完成排采直井的钻井工作，随后在距直井 1 km 左右处施工单分支水平井，直至与排采直井对接连通，并下衬管支撑煤层。由于在井身轨迹的垂直投影上形似英文字母“U”，故而得名 U 型水平井。相对于多分支水平井而言，U 型井的优势在于成本更低（钻井进尺数大幅减少），且因为主支有衬管支撑，所以产气量更为持续稳定。但相对缺点是，由于水平段的进尺数大幅减少，煤储层的暴露面积也随之减少，因此初期产气量也相应降低。随着多分支水平井产气量的迅速衰减，U 型井和多分支井后期的产量趋同。

L 型水平井又称单支水平井，如图 5-11 所示。同直井相比，L 型水平井可大幅增加井眼同储层的接触面积，沟通更多的割理系统，能够在很短的时间内排出煤层中的水，迅速开采出煤层气，因此可以用于比直井储层稍差的储层，但由于只有一个分支，沟通割理系统有限，所以适应储层物性要优于多分支水平井。

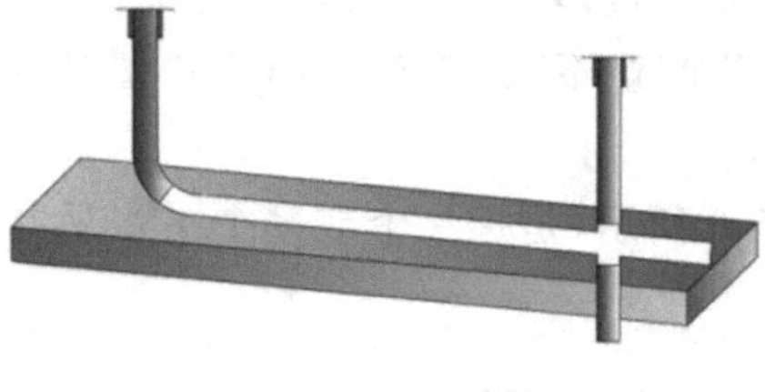

图 5-10　U 型水平井

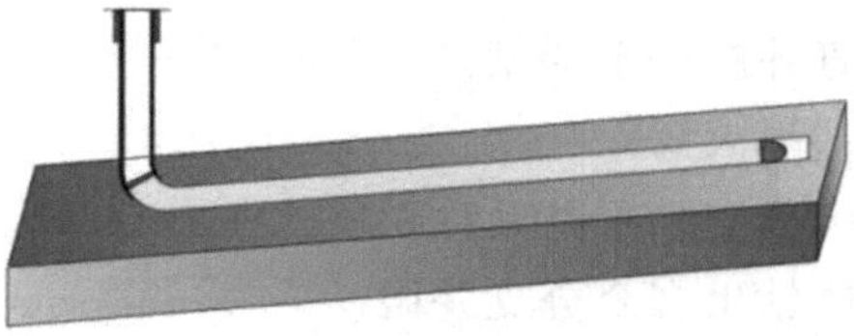

图 5-11　L 型水平井

近年来，排采设备技术发展迅速，螺杆泵、射流泵、隔膜泵等相继被应用到煤层气开发当中，因此 U 型井被进一步优化。优化后的设计只需施工水平井，而无须完成用于排采降压的生产直井，其井身轨迹垂直投影形似英文字母“L”，故名为 L 型水平井。相对于 U 型井而言，L 型井的成本进一步降低（不需要直井），因此经济效益更具优势。

下面重点介绍定向井的轨迹设计。

定向井的三要素是井斜、方位、井深。由于定向井有一定的斜度，若用常规的钻井方法很难进行加压钻进，而且井斜不容易控制，容易损坏钻具，因此需要对定向井的轨迹进行设计。定向井轨迹设计使用的主要设备有测斜仪、螺杆、无磁钻铤等。

（1）测斜仪

常用的测斜仪有单点测斜仪、多点测斜仪和随钻测斜仪。使用单点测斜仪、多点测斜仪时，需要停钻测量，停钻时，钻具需提离孔底一段距离，使得测量不准确，增加了危险系数，增加了辅助钻进时间，降低了钻进效率。随钻测斜仪能够在地面随时监测井深、井斜、方位、工具面和井温等，反馈地下信息，随时调整钻进参数，使钻孔轨迹沿设计轨迹钻进，提高井身质量，提高经济效益。所以，从安全及经济效益角度考虑，无线随钻测量仪(MWD)是定向井钻进中的首选测量仪。

① MWD 工作原理。MWD 工作原理是：井下探管测量井下数据，转换成电压脉冲发给功率驱动器，功率驱动器驱动旋转阀脉冲器产生泥浆压力脉冲，泥浆压力脉冲通过压力传感器转换成 0～20 mA 电流传到数据采集仪，经数据采集仪降噪、解码，还原成井斜、方位、工具面等具体数据。MWD 工作原理示意图如图 5-12 所示。

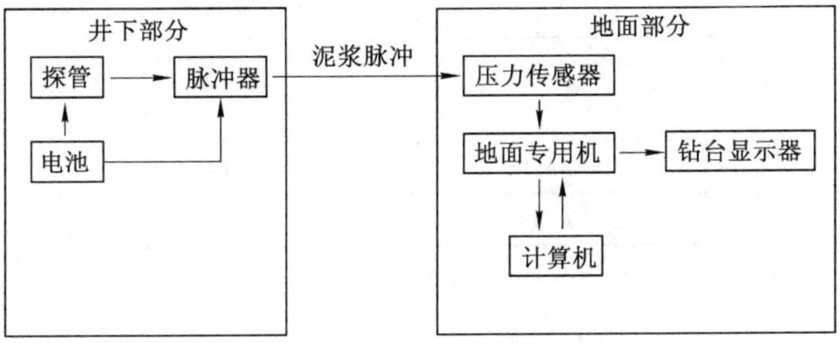

图 5-12　MWD 工作原理示意图

② 组成部分及性能。该仪器可以在严酷的环境中，为定向井、水平井施工提供操作简单、可靠性高的服务。其地面系统和井下系统组成及技术参数分别见表 5-10、表 5-11。

表 5-10　MWD 系统组成

井下系统		地面系统	
名称	功能简介	名称	功能简介
脉冲发生器	产生泥浆压力脉冲	MWD 专用数据处理仪(通用计算机)	译码，转换为具体数据
驱动器	驱动脉冲器产生泥浆压力脉冲	司钻显示器	显示测斜数据
电池组	提供电源	泵压传感器	将来自井下的钻井液压力信号转换为电信号，并传输到数据处理仪
探管	井下仪器的“心脏”，和有线随钻测斜仪探管的作用相同	司显/压力传感器/泵冲传感器圆盘电缆	连接司显和数据采集仪，连接压力传感器和数据采集仪
抗压管	保护仪器		
转接扶正器	连接、扶正		
振动开关	泵开泵关状态监测		
转接电缆	连接各配件		
密封尾锥	保护探管		

表 5-11 MWD 技术参数

井斜测量精度	±0.1°	泥浆类型	无限制
方位测量精度	±1°	电池电压	35 V
重力工具面测量精度	±1°	电池类型	10 芯 DD 锂电池
磁性工具面测量精度	±1°	电池耐温	125 ℃或 150 ℃
工作温度范围	0～125 ℃	电池额定供电时长	300 h
重力和	±Δ5‰	堵漏剂(LCM)	40 lbf/bbl*
磁力和	±Δ3%	每个脉冲的能量消耗	6.8 J
磁倾角	±1°	适用钻井液的排量	7～70 L/s
工具面更新时间	14～50 s	钻井液黏度	≤150 s
全测量更新时间	60～150 s	井下仪器工作温度	0～125 ℃
仪器长度	7.2 m	地面仪器工作温度	−20～60 ℃
仪器外径	47.6 mm	适用最大钻井液含砂量	2.5%
定向探管的测点	距离无磁上端面 5.7 m		

注：lbf/bbl 即磅力/桶，1 桶=0.159 m^3，1 磅力=4.44 N。

(2) 螺杆

由于定向井钻井轨迹存在一定的角度，所以给钻头加压和地表扭矩的传递都带来一定的麻烦，且不能按设计轨道改变钻孔倾角和方位角，所以需要用孔底动力机来实现钻孔轨迹的改变。

螺杆钻具是一种把液体的压力能转换为机械能的能量转换装置。当高压液体进入钻具时，迫使转子在定子中滚动，马达产生的扭矩和转速通过万向轴和传动轴传递到钻头上，达到钻井的目的。一般螺杆钻具主要由以下几部分组成：

① 旁通阀总成。旁通阀的闭合与开启控制马达的启动与停止。

② 马达总成。转子在压力泥浆的驱动下，绕定子轴线旋转，完成液体压力能向机械能的转化，为钻头提供动力。

③ 万向轴总成。将转子的偏心运动转化成传动轴的定轴运动。

④ 传动轴总成。将马达产生的扭矩与转速传递给钻头。

螺杆钻具作为井底动力钻具，具有以下突出的优点：

① 增大了钻头扭矩和功率，因而提高了进尺率。

② 减少了钻杆和套管的磨损与损坏。

③ 可准确地进行定向、造斜、纠偏。

④ 在水平井、丛式井及修井作业中，可显著提高钻井经济效益。

⑤ 结构先进，提高了钻具的寿命，可用于延深钻井或直井钻进。

此外，螺杆的选择还要考虑造斜率的大小。采用三点几何法计算单弯、双弯螺杆造斜率的计算公式为：

$$K = 200\gamma/(L_1 + L_2) \tag{5-6}$$

理想的双弯螺杆造斜率计算公式为：

$$K = 11\,459.2\sin(\varphi - \gamma)/L_2 \tag{5-7}$$

式中 K——造斜率,(°)/100 m;

γ——动力钻具上弯角,(°);

φ——动力钻具下弯角,(°);

L_1——螺杆上弯点到下弯点的长度,m;

L_2——双弯螺杆的长度,m。

螺杆的选择要根据螺杆钻具的型号、预计造斜率及万向轴弯壳体角度、扶正器尺寸大小及形状、输出扭矩、输出转速、排量、井温等综合确定。

(3) 无磁钻铤

由于所有磁性测量仪器在测量井眼的方向时,感应的是井眼的大地磁场,因而测量仪器必须是一个无磁环境。然而在钻井过程中,钻具往往具有磁性,影响磁性测量仪器,不能得到正确的井眼轨迹测量信息数据。利用无磁钻铤可实现无磁环境,并且具有钻井中钻铤的特性。为了保证磁性测量仪器测量结果准确,必须合理选择无磁钻铤的长度。应根据测量井段的井斜角和井斜方位角的大小来选定无磁钻铤的长度。

① 选择尺寸。无磁钻铤的尺寸可通过井眼曲率校核公式来确定:

$$\delta > 2.74 \times 10^5 K_m \cdot D_c \tag{5-8}$$

式中 δ——无磁钻铤的屈服极限,Pa;

D_c——钻铤的直径,cm;

K_m——井眼最大曲率,(°)/100 m。

② 确定长度。可根据井斜角和方位角来确定钻铤的长度,如图 5-13 所示:当在曲线 A 以下时,无磁钻铤选用 9 m;当在曲线 A 以上、曲线 B 以下时,无磁钻铤选用 18 m;当在曲线 B 以上时,无磁钻铤选用 27 m。

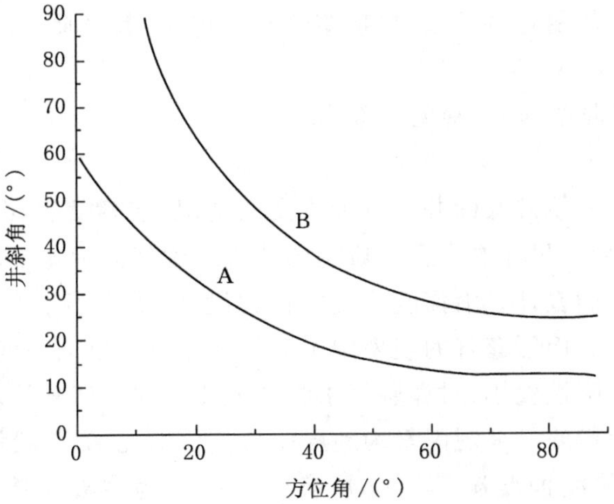

图 5-13 钻铤长度确定标准图

③ 确定最大钻压。最大钻压可根据下式确定:

$$p \leqslant F_r = 2.83(EIW\sin\alpha/r)^{1/2} \tag{5-9}$$

式中 p——设计最大钻压,N;

F_r——钻柱轴向力,N;

E——钻柱杨氏模量，Pa；

I——钻柱截面惯性矩，m^4；

W——单位长度钻柱在钻井液中的有效重量，N/m；

α——井斜角，(°)；

R——钻柱与井眼的半径间隙，m。

(4) 其他设备及机具

在定向井施工中，螺杆的使用要求泥浆泵性能参数较高，目前使用的螺杆，泵压在 6～10 MPa，可根据井斜、钻速等要求调节泵压泵量。

合理的井身剖面设计是定向钻井成功的首要条件。必须在保证实现定向钻井目的的前提下，深入调查分析本地区的现场资料，充分利用地层自然造斜规律，尽可能给钻井、采气及修井创造有利条件，全面考虑、精心设计，为定向井施工提供良好的井身剖面。

自定向井用于煤层气开发以来，井身结构一般为"直—增—稳—降"的 S 形轨迹或"直—增—稳"的 J 形轨迹，但经过后期抽采，发现这种井身结构为 S 形的开采井抽气管路容易被磨损，影响正常工作，所以，目前井身结构以 J 形为主。由于煤矿的特殊性，定向水平井只适用于块煤地层，而粉煤地层水平井施工困难，而且易坍塌，经济效益不显著。

在钻井轨迹设计时，应注意以下问题：

(1) 首先要保证实现定向钻井的目的。应力求设计井身最短。为了达到某一钻井目的，可能有许多井身剖面可供选择，首先要考虑设计井身最短的剖面，因为这是快速钻进、降低成本的首要条件。

(2) 在满足定向井设计要求的前提下，应尽可能保持较长的直井段，尤其是深井更应如此，因为这样有利于组织快速钻进。

造斜井段应选在比较稳定的地层，尽量避免在易坍塌、易膨胀、易漏失有高压盐水以及其他复杂地层造斜。

(3) 斜井段应保持曲率均匀，避免急弯。

5.2.2 井身结构

井身结构是指自井口至井底的井眼直径改变的情况，包括套管层次和各层套管的下入深度，以及井眼尺寸与套管尺寸的配合。典型的井身结构剖面示意如图 5-14 所示。井身结构设计是钻井工程的基础设计。沿深度改变井径的设计，决定于下套管的规划即套管层数和每层套管下入的深度。而下套管的规划则主要依据地层的复杂程度，也就是可能的垮孔、井塌、漏失、井喷等的危险性大小；对煤层气采收井还要增加生产套管。

确定是否采取套管措施的客观因素为地层压力变化情况、岩石松散破碎程度、井壁的水溶和水敏性以及地层的漏涌状况等。以井壁压力体系为主要依据，钻井液的有效压力 $p_{mE}=p_1$，必须介于破裂压力 $p_{裂}$ 和坍塌压力 $p_{塌}$ 之间，否则井壁将失稳破坏：

$$p_{塌} \geqslant p_{mE} \geqslant p_{裂} \tag{5-10}$$

由此可见，由于地层压力和地层破裂压力的变化使得钻井液密度调整无法再满足后续钻进时，就必须将套管下入至该深度处以隔离上部地层。把满足式(5-10)条件的裸露井眼的极限长度井段定义为可行裸露段。其顶界是上一层套管的必封点，底界是该层套管的必封点。显然也能理解，地层复杂的多变频度决定了下套管的层数往往是多层。

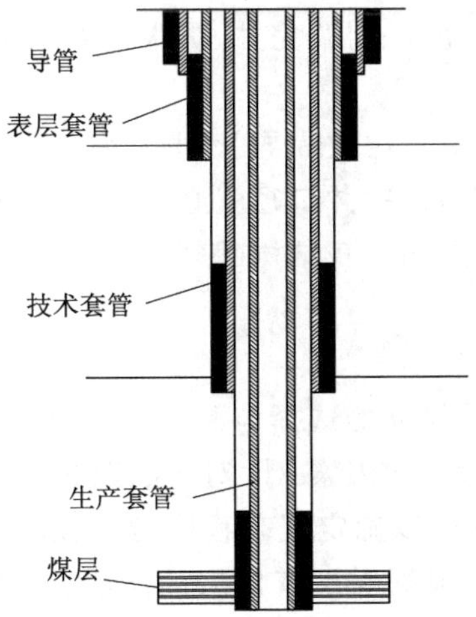

图 5-14 典型的井身结构剖面示意图

5.2.2.1 技术套管

在钻进过程中，若遇到地层性状十分复杂，随钻泥浆或固结浆材难以维护井壁时，必须采用钢套管来隔离井壁，以防止压力超衡、破碎坍塌、蠕变缩径、严重漏涌等。尤其是当地质条件沿井深发生明显变化，上、下段地层对钻井液性能的要求大相径庭时，也需要下入套管(其中多数还要注水泥固井)将上部地层隔离。这些情形下的套管称为技术套管，也称中间套管(图 5-14)。技术套管视复杂地层变化情况有可能为多层。无论是勘探孔还是生产井，技术套管都是常用的护壁堵漏措施。两者的需求区别在于勘探孔套管多具临时性，而生产井套管的永久性强。

式(5-10)给出了某钻深处井壁力学稳定必须满足的钻井液压力值区间，也就在很大程度上决定了钻井液的密度窗口。如果实配钻井液的密度无法达到，就须考虑下套管隔离，由此基本决定了套管必封点深度范围。它是下技术套管深度的计算依据，也是井身结构设计的基本出发点。可见，井身结构设计的地质方面的重要数据为地层压力系数、破裂压力梯度、岩性剖面及故障提示。同时，还要进一步考虑起下钻、开泵钻进、出现溢流、压差卡钻等工程约束条件下对该深度的适当调整。对于强水敏层、大段盐膏层、富含水层、严重漏失层和非目的油气层，也有必要下套管并确定其必封的套管顶界与底界深度。

5.2.2.2 表层套管

由于井(孔)口段毗邻于地面，围岩土松软且各种扰动较大，所以必须在开钻阶段尽快下入表层护管，以确保后续长时间钻井的井口及其浅表地层的稳定安全。这种套管被称为表层套管或孔口管(图 5-14)。表层套管的下入深度一般控制在 100 m 以内。有时还需要在表层套管外再配一个直径更大的浅部导管，用以对返浆进行井口溢导。

5.2.2.3 生产套管

对于煤层气生产井，不仅常常要下技术套管，还必须在钻完井后下入生产套管(又称油管)并施以水泥固井，用以永久性地隔离上(下)非产层流体的窜入，保证今后对煤层气的稳定排采。它还要有利于井的分层测试、分层开采和分层改造。故生产井对套管的要求更加严格，套管的材质、强度、耐腐蚀性、稳定性等因素都需严格考虑。生产井下部储层区段的井身结构决定于完井方法，如裸眼完井、射孔完井、贯眼完井和砾石充填完井等，其生产套管的形式有所区别。

因此，归纳煤层气井套管的下入层次为导管(井口管)、表层套管、技术套管(可能多级)、生产套管和尾管。每下入一层套管，钻井口径就必须缩小一级，因为钻头要从套管内空通过才能下到井底，由此便形成倒塔形的井身结构(膨胀套管例外)。在煤层气钻井中，套管层数又叫开数。

5.2.2.4　*套管层序与尺寸级配*

套管口径尺寸及井眼(钻头)尺寸的选择与配合关系到勘探、钻井和采气能否顺利进行以及成本消耗多少。设计中应考虑的因素：① 对于勘探孔，要考虑对岩心尺寸的要求，预计各地质层位深度的可能变化，在难以确定复杂程度时的技术套管要备有保留级；② 生产套管尺寸应满足采气方面的要求，根据煤层气储层的产能、增产措施及井下作业等要求来确定；③ 要考虑到实施工艺和技术水平，如井斜角、曲率半径、克服复杂地层的综合技术能力、管材与钻头等的规格限制等。

设计井身结构尺寸一般由下向上(由内向外)依次进行：确定生产套管尺寸(仅对生产井)→确定为下入生产套管的井眼尺寸(仅对生产井)→确定技术套管尺寸→确定为下入技术套管的井眼尺寸→确定表层套管尺寸→确定为下入表层套管的井眼尺寸。

套管与井眼之间有一定间隙。间隙过大，钻进消耗、管具消耗和固井水泥消耗都会增大；间隙过小，会导致下套管困难以及注水泥固井质量下降。值得注意的是，勘探孔与生产井在这个间隙控制上有明显区别，前者较小(1～10 mm)而后者较大(9～25 mm)，主要原因是二者对水泥固封的要求明显不同。目前国内外生产的油气钻井套管与钻头匹配尺寸已经标准系列化，图 5-15 给出了相应的尺寸选择。对于煤田取心勘探钻孔，由于其口径相对较小，所以又有其单独的一套标准匹配系列(表 5-12)。

作为钻井工程重要的基本技术工作之一，井身结构设计是一套多因素设计工作。它既要保证钻井井壁的安全，又要兼顾低生产成本和高钻井效率。下套管可以获得很高的井壁安全性，但管材消耗使钻井成本大幅度攀升，且需停钻另行安排下套管工序而增加辅助工时；随钻泥浆护壁可以减少套管层数，经济性好，但钻遇较复杂地层时往往潜伏着井壁不安全的隐患。简单的设计原则举例：当地层预示为极复杂，钻井泥浆性能调配到最佳也将难以维持井眼稳定，就必须确定下入套管和下入的层数以及各层合理的深度；而当通过优化钻井泥浆性能可以达到安全护壁时，就应该省却不必要的套管计划，从而大大节省管材消耗及工序冗余。

5.2.2.5　*井身结构设计方法及步骤*

(1) 尽可能掌握所钻地层的信息、资料和数据，如地质构造、断层与破碎带、裂隙与洞隙、层理及其产状、地应力、地下水分布、孔隙流体压力、地层压力与破裂压力梯度、岩石与煤的力学-物理-水理性质等，分析它们对井眼稳定等将造成的客观影响。

(2) 明确钻井目的(勘探井还是生产井等)、井深预定与终孔口径要求、井眼设计轨迹；掌握钻进方法、设备情况、工艺规程、钻具组合、钻进参数、抽汲压力系数与故障提示；了解测井、完井、固井和对于生产井的后期强化措施及排采要求。

(3) 从压力平衡性入手，运用井壁压力体系分析，找出无法或难以用随钻泥浆、水泥、化学浆材以及堵漏剂进行护壁堵漏的层段，作为初步拟定的技术套管必封区间即套管必封点。

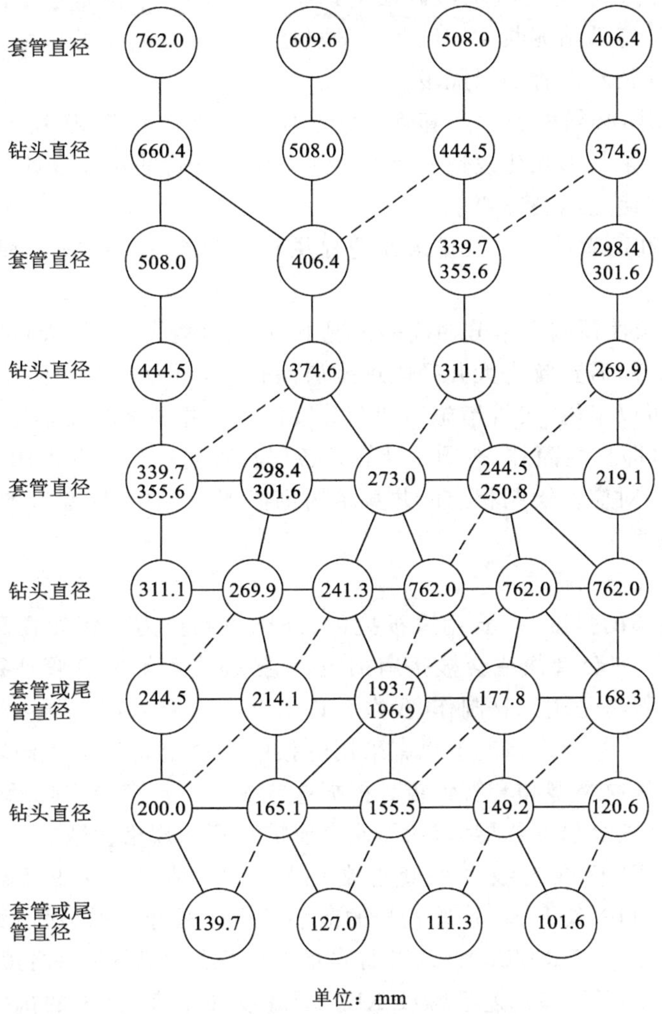

图 5-15 套管与井眼(钻头)直径配套示意图

表 5-12 岩心钻探套管匹配系列

公称尺寸/mm	套管外径/mm	配套钻头体直径/mm	套管壁厚/mm	螺纹长度/mm	单根长度/mm	每米质量/kg
ϕ57	57	59	3.75	60	3 000～6 000	4.92
ϕ73	73	75	3.75			6.40
ϕ89	89	91	4.00			8.38
ϕ108	108	110	4.25			10.87
ϕ127	127	130	4.50			13.59
ϕ146	146	150	4.50			15.70
ϕ168	168	173	6.00	光管		23.97
ϕ219	219	225	8.00			41.63

(4) 再对余下的井段进行松散破碎层的黏结性、水敏及水溶地层的降失水与抑制性方面的考证与测评，确定随钻泥浆和固结浆材的极限能力是否满足井眼稳定的需求。如果发现问题，须相应增补技术套管的封隔段。

(5) 对于生产井，必须增加生产套管。它不仅用来维稳井壁，还用来隔开各层流体，达到煤层气分层测试、采气和强化改造的目的。所以生产套管的尺寸设计要考虑采气方式、井配产量、稳产泵举和满足压裂等要求。

(6) 为更安全和高效的钻进及排采作业提供较完善的套管措施，辅配井口管和必要时的表层套管与尾管。

(7) 在地层复杂性预测不十分明确的情况下，预留套管备用层(级)，以在遇到需要时有增补套管的可行条件；需要解决大井径段难排屑问题时，要做好下入活动套管的准备；对于深处局部复杂点，可以采用“飞管措施”，即套管段仅下在井中某段而不连至井口。

(8) 自下而上(即自内而外)按顺序计算好各层套管的口径和下入深度。套管口径和壁厚须按标准、按系列对应。绘制相应的井身结构剖面图，标清各层套管的数据，并加以必要的计算理由文字说明。

5.2.2.6 套管的强度与稳固

套管应具有足够的强度，主要用来抵抗内、外压力和拉力。例如在深井高地应力环境下，抗侧压强度不够的套管往往会被挤扁损毁，抗拉强度不够的套管往往会被拉断或拉脱扣。现行的套管一般都是用钢材制作，少数允许情况下也有采用高强度塑料管的。套管的连接一般采用丝扣，少数允许情况下也有采用焊接的。决定套管强度的基本规格参数是套管直径、套管壁厚、螺纹类型和套管钢级。依据这些参数以及套管实际承受力和材料力学强度准则，可以计算出安全强度临界值，从而确定所需套管的规格参数。

国际上通用 API 标准钢级系列套管常见的有 10 种：H-40、J-55、K-55、C-75、L-80、N-80、C-90、C-95、P-110、Q-125。这些代号的前字母是任意选择的，而后数码则表示其最小屈服强度(数码乘以 1 000 lbf/in^2)。API 标准的套管螺纹类型有 4 种：短圆螺纹 STC、长圆螺纹 LTC、梯形螺纹 BTC 和直连型螺纹 XL。圆螺纹加工容易(长的抗拉强度较高)，梯形螺纹抗拉强度高，直连型螺纹则不需接箍。我国已按 API 标准生产套管，但也有采用非标准的两种情况：一是套管的钢级采用特殊级以解决腐蚀和高应力问题；二是螺纹连接上采用特殊型以解决高密封要求问题。

下入套管并灌注水泥将其封固称为固井。一般是从套管内向环空中泵入水泥浆，再续用隔离液、顶替液(钻井液或水)把水泥浆顶替到环形空间设计部位，候凝。对固井质量要求较高的工程，还常常在套管中配套双胶塞加浮箍来实施灌注。对固井质量检测包括水泥返高测量和水泥环质量监测等。

5.3 地面抽采煤矿区煤层气井井位及井网布置

5.3.1 井网类型

井网类型即井网的几何形态，对于垂直井开采来说，常规的井网类型为矩形井网、正方形井网、五点式井网以及七点式井网等。井网单元是可以体现井网几何类型的组成单元，传统井网类型的井网单元示意图如图 5-16～图 5-19 所示。

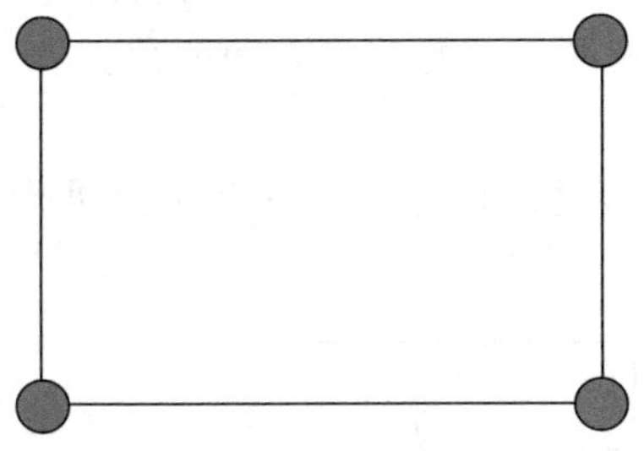

图 5-16　矩形井网

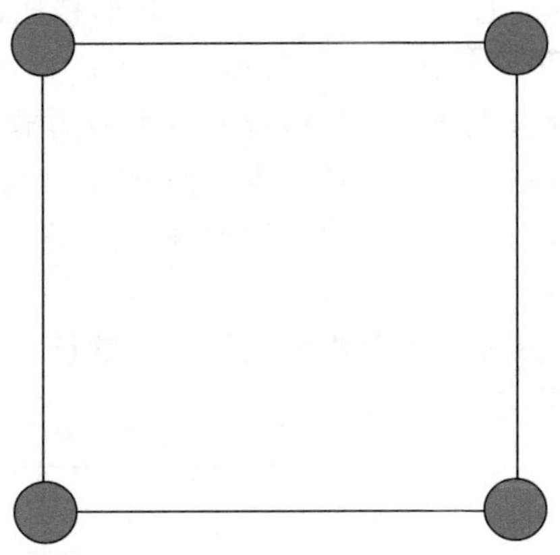

图 5-17　正方形井网

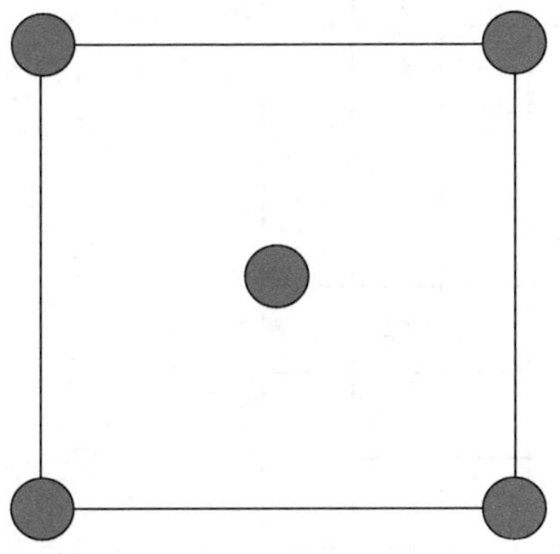

图 5-18　五点式井网

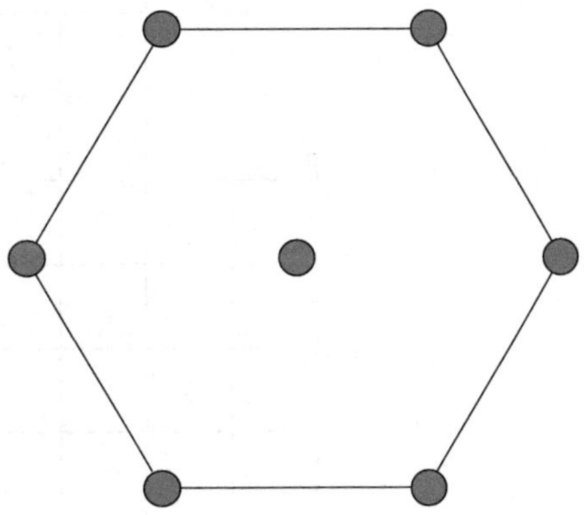

图 5-19　七点式井网

（1）矩形井网。矩形井网的井网单元中，横向边长与纵向边长不一致，这种布置方案可以根据渗透率大小调整井口间的距离，但仅能调节横向与纵向的距离。整体来说，该井网类型相对简单规整且便于布置，但是灵活性较差，对于煤层中高度复杂与各向异性的因素变化，仅通过改变横向与纵向的距离无法适应实际情况，因此使用的条件受限。

（2）正方形井网。正方形井网是矩形井网的简化版，可以说是一种特殊的矩形井网。其优点是布井方案简单易实现，缺点与矩形井网非常类似，且适用条件更为苛刻，灵活性更低，仅适用于各项地质因素各向异性较小的开采地段。

（3）五点式井网。五点式井网相对正方形井网更为紧凑，开采过程中的降压效果更为明显，有利于煤层气的开采，是正方形井网的一种改进，但正方形井网所具有的缺点依旧存在于五点式井网中，且很难消除。这种井网形式在油藏开采中使用较多，但是气藏与油藏的开采不同，在油藏开采中，位于五点式井网单元中心的井口往往为注水井，不参与油藏的生产，而煤层气开采则不同。虽然五点式井网单元的几何形式与正方形井网类型相差很大，但是就整体井网而言，五点式井网与旋转 45°且井间距缩放至一定程度后的正方形井网相同。

(4) 七点式井网。与其他井形相比,七点式井网更能适应地质因素变化较大的开采区域,但依然存在灵活性较差的特点。

综合上述对几种传统井网类型的描述,可以看出,在井网部署中,传统使用的井网类型普遍存在灵活性差的特点,针对煤层中复杂多变的地质因素,需要更为灵活的井网类型进行煤层气的开采。针对灵活的井网类型,可将其分为无规则井网与规则井网两种。

5.3.1.1 无规则井网

无规则井网是根据已知井口数量,在开采区域内通过优化算法对井口位置进行直接优化,如图 5-20 所示。

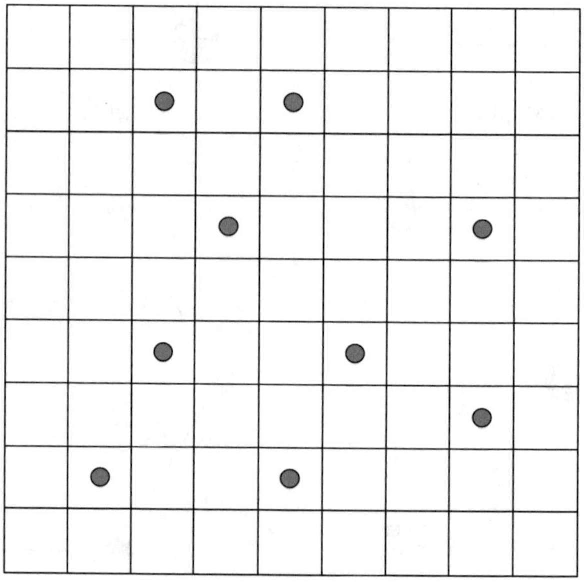

图 5-20 无规则井网

在理论上这种井网类型的灵活性更高,更能适用于各种复杂的地质条件,但是在实现上:需要先计算出该区域的井网密度,需要一定的开采试验数据;同时,这种井网类型往往无法对井间距的约束条件进行处理,这就导致在寻优计算过程中,部分区域地质因素较为理想,使得计算出的最佳井位往往在某一局部内聚集,这种聚集会使得整体开采区域的降压效果不均匀;另外,若无法对单井的控制面积进行合理的约束,将会导致其控制面积受限,单井平均产量大大降低。高灵活性的井网类型同样具有高度复杂的计算方法,若采用这种无规则的井网类型,应充分考虑到井距的约束方式与实现过程,该过程过于复杂,且难以实现。

5.3.1.2 规则井网

规则井网是指具有固定几何特征的井网,该井网存在井网单元作为整个井网的组成部分的特点,传统的矩形井网、正方形井网、五点式井网以及七点式井网都属于规则井网,但是这类传统的规则井网往往通过改变井间距离来适应不同的开采条件,井网角度、井网单元夹角(一个井口与相邻两井口相连线段间的夹角)都是固定的,这就导致其灵活性与适应能力较差的特点。五点式井网与七点式井网的井网单元虽然同矩形井网与正方形井网的差异很大,但是在整体的井网中,同样可以用一种四边形井网进行表现,以七点式井网为例,如图 5-21 所示。

通过改变四边形井网中的井网单元夹角 θ,便可形成与七点式井网相同的井网,进一步改变井网单元夹角,结合井间距离、旋转、平移等几何因素,便可以形成更多不同的井网类型,如图 5-22 所示。根据数学中的组合理论,可改变参数的增加使得井网单元存在着非常多的可能,从而大幅度地增加了井网的几何形式,使得井网的布置更加具有灵活性,且可以通过少量的参数描述这一几何形式,具备一定的规整性,便于工程的实施,非常适合煤层气的开采要求,同时也使得开采区域的整体降压效果更为均匀,有利于煤层气的开采。

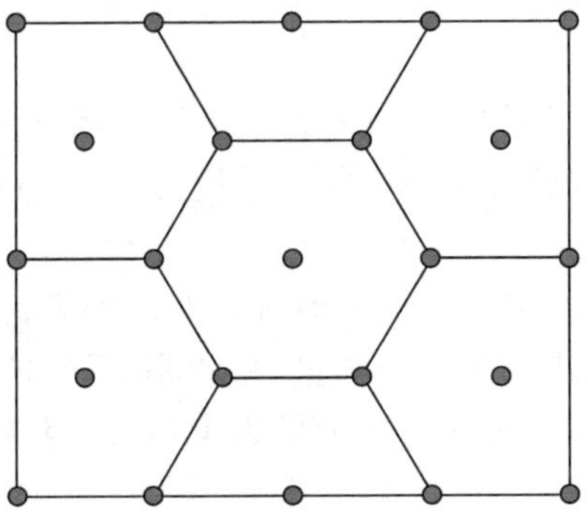

图 5-21 七点式井网

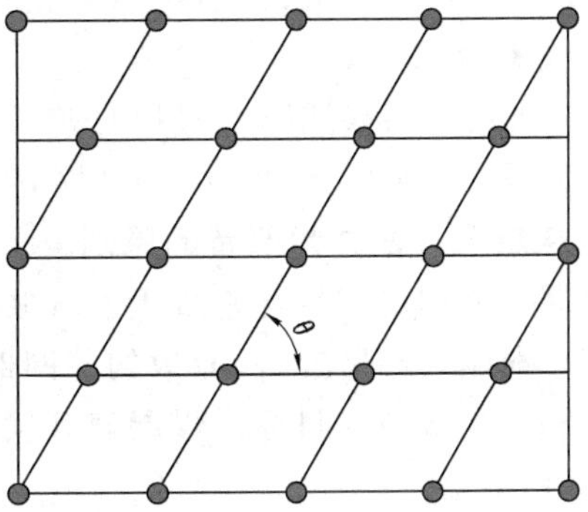

图 5-22 四边形井网

5.3.2 煤层气开发井距

对于不同的储层条件(割理方向、渗透率等)和开发方式(工艺、设备等),单井控制面积的大小差异很大。井距越小(单井控制面积小),产气高峰出现越早,产气量下降也越快。所以井距的合理规划非常重要,优化单井控制面积对于经济开采起着关键作用。通常单井控制面积为 0.09~0.64 m^2。国内外主要煤层气田储层特征及开发井网对比见表 5-13。

表 5-13 国内外主要煤层气田储层特征及开发井网对比

气田	开采深度/m	渗透率/mD	含气量/(m^3/t)	井距/(m×m)	采收率/%
圣胡安	150~450	30~50	12.7~20	800×800	65
粉河	150~500	10~500	0.6~5	400×400~600×600	70
尤因塔	400~1 370	5~20	4~13	800×800	50
拉顿	150~1 200	1~10	3~14	800×800	55
黑勇士	500~1 200	6~20	6~20	400×400~600×600	50~60
阿尔伯特	150~450	2~14	2~14	600×800	55
苏拉特	200~800	10~25	3~9	600×800	50
沁水	250~1 000	0.01~3	5~27	300×300~400×400	54
阜新	550~850	0.47	2.3~16.2	500×450	—

(1) 圣胡安盆地煤层厚而广,气体含量为中~高,煤阶为中~低,煤层渗透率适中,水产

量为中～高，煤层压力为超高压，煤层上下岩层的封闭性好。该盆地开发井距相对较大，这是由于该盆地煤储层渗透率较高，泄气面积相应较大，因此，采用较大井距不会导致采收率降低，同时可以减少投资。

(2) 粉河盆地早期煤层气井的单井控制面积为 0.16 km^2，随着开发程度提高，对井网做出相应的调整，单井控制面积提高到 0.36 km^2。该盆地煤层渗透率很高，一般为 10～500 mD，部分地区试井渗透率甚至高达 1 000 mD，因此，有学者认为最佳单井控制面积应是 0.64 km^2。

(3) 黑勇士盆地煤层的单层最大厚度为 2.4 m，单井最大总煤层厚度为 7.6 m，煤阶最高为低挥发分烟煤，煤层为常压或欠压状态，含气量为 6～20 m^3。在 0.1 km^2 的井网条件下，10 年后中心井煤层气采收率为 73%；在 0.16 km^2 的井网条件下，10 年后中心井采收率为 60%；在 0.36 km^2 的井网条件下，采收率为 50%；在 0.64 km^2 的井网条件下，则 10 年后中心井采收率为 29%。

(4) 国内煤层渗透率普遍相对较低，因此煤层气井井距比国外要小。沁南潘河先导性试验工程采用 300 m×300 m 的井网，生产效果良好，目前平均单井产气量为 3 400 m^3/d。

5.3.3 煤层气开发井网部署的原则

煤层气井网的部署与常规天然气井网有许多共性，但由于两者赋存机制的差异，又有不少差别。科学、合理、经济、有效的井网部署应以提高煤层气动用储量、采收率、采气速度、稳产年限和经济效益为目标。煤层气开发的井网部署应考虑 3 个方面的因素：地质因素、开发要素、经济效益。

5.3.3.1 地质因素

不同的煤层气地质条件下，井网部署特点不同，主要考虑的煤储层因素是裂缝发育特征和方位、渗透率、煤层气含量、煤层气资源丰度等。构造走向和裂缝发育方位决定井网方位，资源丰度和渗透率条件决定井网密度，应寻找煤层气含量高的地区，进行井网部署。

5.3.3.2 开发要素

(1) 分步实施、均衡开采。在平面上，井网部署应有计划地按阶段分步实施，滚动开发，实现气藏的均衡开采。与常规天然气开发中尽量避免井间干扰效应的原则不同，煤层气开发井网则要求尽快实现井间压力干扰，才能充分动用储量，提高采收率。

所以，先导性试验阶段，井网部署的原则是使试验井组的各井之间在尽量短的生产试验期内达到最大井间干扰程度。一般理想的先导性试验阶段为 4～12 个月，因此先导性试验阶段井组的井距以小于规模生产井为宜，用储层模拟软件作为辅助依据，确定井距。较小的井距可以使各井间产生更强烈的干扰效应，可以尽快观察到试验效果。

全面开发阶段，生产井网的井距应大于先导性试验阶段。这样，单井可以控制更大的产气面积，即控制更多的储量，使单井总产最增大，降低投资，从而获得更大的经济效益。

(2) 开发层系有效组合。各层系应做到整体规划、立体开发。层系划分和井网部署上既要考虑每套层系各自开发的要求，又要综合考虑层系接替和一井多层开采的方式。

(3) 合理的采气速度。煤层气田开发设计一般要求在 15 年左右采出可采储量的 50%～60%，初期采气速度应达到 3%～4%，井网密度必须满足这一基本要求。

5.3.3.3 经济效益

要求单井控制储量不能低于单井经济极限控制储量。井网密度应小于经济极限井网密度，在最优井网密度与经济极限井网密度之间选择合理值。

因此,合理的井网井距需要综合各项研究成果来确定,既要满足采气速度的要求,经济上还要可行。在上述综合分析的基础上,借助现代化数值模拟手段,确定具体的井距。

5.3.4　开发井网优化的要素与方法

煤层气开发井网优化要素通常包括井网样式、井网方位和井网密度等。

5.3.4.1　井网样式(井间平面几何形态)

合理的井网布置样式,可以大幅度地提高煤层气井产量,降低开发成本。煤层气井井网布置样式通常有矩形井网(包括正方形井网)、菱形井网等。

(1) 矩形井网。矩形井网要求沿主渗透和垂直于主渗透两个方向垂直布井,且相邻的4口井呈矩形。矩形井网优点是规整性好,布置方便,多适用于煤层渗透性在不同方向差别不大的地区。矩形井网缺点是相邻4口井的中心位置压力降低的速度慢、幅度小,导致排水采气的效率低,可能造成该区域的煤层气资源无法采出。

(2) 菱形井网。菱形井网要求沿主渗透和垂直于主渗透两个方向垂直布井,在4口井中心的位置加1口煤层气开发井,使相邻的4口井呈菱形,主要是针对矩形井网的一种补充或者完善形式。菱形布井形式的最大优点是在煤层气开发排水降压时,在井与井之间的压力降低比较均匀,可以达到开发区域同时降压的目的。

5.3.4.2　井网方位

井网方位的确定通常根据压裂裂缝方位和主导天然裂隙方位,将矩形井网的长边方向与天然裂隙主导方向或人工压裂裂缝方向平行。煤层中的天然裂隙是影响煤层渗透性的重要因素,因此煤中裂隙的主要延伸方向往往是渗透性较好的方向;人工压裂裂缝可以改善天然裂缝,使其更好地沟通;压裂裂缝主导方位多沿垂直于最小主应力方向延伸。

5.3.4.3　井网密度

井网密度关系到气田开发指标和经济效益的评价,是气田开发的重要参数,其大小与井型和井间距大小有关。井网密度的大小取决于储层的性质和生产规模对经济性的影响以及对采收率的要求,当它与资源条件、裂缝长度等相匹配时,才能获得较好的效益。

经济极限井网密度是指总产出等于总投入、总利润为零时的井网密度,超过此密度界限,则发生亏损。最优井网密度是总利润最大时的井网密度。

井网密度大小是井网优化过程中需要反复论证的,其确定方法也有多种。根据国内煤层气开发的实际情况,并借鉴常规油气井网优化的一些算法,合理的单井控制储量和经济极限井距是井网密度确定的重要参数。

(1) 单井控制储量。开发井距的确定应当考虑单井的合理控制储量,使高丰度区单井控制储量不会过大,而低丰度区单井控制储量应大于经济极限储量。在此基础上,根据资源丰度,进一步求取井距或井网密度。单井控制储量:

$$G=\frac{p_r \cdot G_p}{p_i - p} \tag{5-11}$$

式中　G——单井控制地质储量,m^3;

p_r——原始地层压力,MPa;

G_p——稳产期内累计产气量,m^3;

p——采出一定气量后的地层压力,MPa。

(2) 单井控制经济极限储量。一口煤层气井从钻井到废弃时支出的总费用包括钻井费用、储层改造费用、地面建设费用、采气成本等。要想取得经济效益，其销售收入应大于总费用，这要求具备足够的储量，即单井控制经济极限储量，它是选择合理井距的一个重要经济指标。单井控制经济极限储量：

$$G_g=\frac{C+T\cdot P}{A_g\cdot E_r} \tag{5-12}$$

式中 G_g——单井控制经济极限储量，m^3；

C——单井钻井和气建总成本，元；

T——开采年限，年；

P——单井年平均采气生产成本，元/年；

A_g——煤层气零售价，元/m^3；

E_r——煤层气采收率，%。

（3）经济极限井距。经济极限井距的大小受资源丰度的影响很大，在不考虑井网密度对采收率的影响时，根据单井控制经济极限储量，可以算出经济极限井距：

$$D=\sqrt{\frac{G_g}{F}} \tag{5-13}$$

式中 D——经济极限井距，m；

F——资源丰度，m^3/m^2。

5.4 直井井型施工工艺

5.4.1 直井井型钻井

5.4.1.1 钻井结构设计

钻井结构设计，首先按照施工大直径工程井的目的要求来确定成井直径，然后根据施工区域地质条件以及井身质量要求进行井眼设计。

（1）井眼结构设计原则

① 避免井口坍塌垮孔，预防冲洗液浸泡钻台基础。

② 详细了解施工区域地质条件，确定护壁套管层次，避免地层漏水、涌水、坍塌、掉块、卡埋钻等复杂情况发生，为工程顺利施工创造条件，缩短施工周期。

③ 科学合理设计井眼尺寸和套管尺寸，满足固井对环孔尺寸的要求，提高固井后钢管、水泥环的抗挤强度，增加与地层的结合力。

④ 设计的井眼尺寸和套管尺寸之间的环孔间隙必须满足下管作业需要。

⑤ 井眼结构的设计本着安全、简单、经济的原则，同时兼顾钻井机具的实际情况。

（2）套管类型及作用

套管类型比较多。在煤层气抽采钻井设计时，根据区域地质条件和地层稳定情形通常选择2～3层套管，即井口管、工作套管或者井口管、表层护壁管、工作套管；地质条件差的地层在不稳定的施工区域需要增加一层技术套管。

① 井口管。井口管的作用主要是预防井口松散的砂、黏土在冲洗液的冲刷浸泡下失稳坍塌，一般要求穿过填土下入原生地层上。

② 表层护壁管。表层护壁管下入深度一般要求进入完整基岩10 m，其主要作用是预

防钻进基岩段时，第三、四系松散层发生坍塌、掉块，造成卡埋钻事故。

③ 技术套管。技术套管是根据地层情况，在极有可能钻遇到涌水、漏水、断层破碎带及其他异常地层，采取常规方法无法解决时，不得已而设计的一层套管。

④ 工作套管。工作套管是大直径工程井成井后最后下入井内的套管，工作套管的内径就是连接地面至井下的通道，工作套管与环空间的水泥环形成钢管水泥环井壁，隔离地层中的水进入通道，保护井壁。

(3) 套管尺寸与井眼尺寸选择及配合

井眼尺寸与套管尺寸选择及配合涉及成井后的井身质量、施工中井的安全、钻井工程的顺利进行和钻井作业的成本。设计中需考虑的因素为：

① 生产套管尺寸首先要满足施工煤层气抽采钻井的目的要求。

② 详细了解施工区域地质情况后，如钻遇比较复杂的地层，常规钻探技术方法能够解决如漏水、涌水或破碎带护壁等施工难题，尽量不设计技术套管，简化井身结构。确需增加技术套管时，可考虑留有一定余量，满足增加技术套管的空间。

套管尺寸与井眼尺寸的选择和确定方法为：

① 确定井身结构尺寸的原则是由内向外进行，首先生产套管的尺寸按施工煤层气抽采井的最终目的和要求来确定，再确定下入生产套管的井眼尺寸，然后确定中间套管尺寸等，以此类推，直到表层护壁套管尺寸和相配合的井眼尺寸，最后确定井口管的尺寸。

② 套管与井眼之间有一定的间隙，间隙过大不经济，过小则会导致下管作业困难以及固井注水泥后水泥过早脱水形成水泥桥，同时严重影响固井质量，降低钢管水泥环的强度。煤层气抽采钻井套管与井眼间隙一般不小于 60 mm。

(4) 井身结构设计所需基础数据

① 施工区域地层岩性剖面。

② 各岩层段水文地质条件，如漏水、涌水情况，水敏性地层提示，破碎带情况等。

(5) 一般选用的井身结构

煤层气生产井大部分都是在没有开采的煤矿进行开发的，由于煤炭资源成矿均在沉积岩中，一般上覆厚薄不等的松散新地层，而且下部还有一些漏失、易坍塌的地层，所以井身结构一般都选用三层管井身结构，如图 5-23 所示。

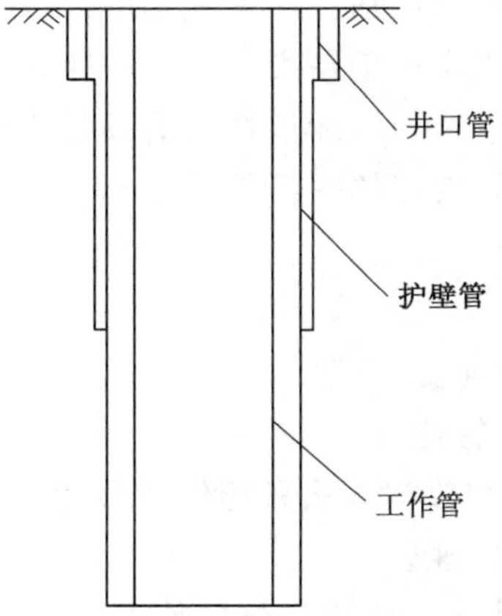

图 5-23　三层管井身结构示意图

5.4.1.2 钻具组合

钻具的组合要根据钻孔结构及钻孔质量要求确定，并能满足钻压要求，实现最大钻速。其中钻铤和稳定器的设计最为重要。

根据钻井设计的钻压来确定钻柱中钻铤的数量。一般情况下，以钻压不超过钻铤重量的 80%为原则。可用下列公式计算所需钻铤长度：

$$L = W_b / (f / W_c) \tag{5-14}$$

$$f = (\rho_c - \rho_m) / \rho_c \tag{5-15}$$

式中 L——钻铤长度，m；

W_b——设计的钻压，kg；

W_c——空气中每米钻铤的质量，kg/m；

f——浮力系数；

ρ_c——钻铤的密度，g/cm^3；

ρ_m——钻井液的密度，g/cm^3。

注意：考虑实际钻井摩擦力、反弹力、井斜等影响，实际设计钻铤长度计算值应加大10%左右。

在钻铤柱的适当位置安装一定数量的稳定器，组成各种类型的下部钻具组合，钻直井时可以满足防止井斜的要求，钻定向井时可起到控制井眼轨迹的作用。此外，稳定器的使用还可以提高钻头工作的稳定性，从而延长钻头的使用寿命。稳定器具体位置的安装在下文中详细说明。

5.4.1.3 钻井参数选择

除设备、机具影响钻进效率外，钻井参数也是钻进效率的影响因素，主要包括钻压、转速和冲洗液量。

(1) 钻压、转速的选用原则

① 优选的钻压、转速值使整个钻井直接成本最低。

② 软地层中，采用低钻压、高转速。

③ 硬地层、深部地层，采用高钻压、低转速。

(2) 钻压、转速的约束条件

① 最大钻压或最高转速应不超过钻头厂家推荐值。

② 最优钻压与最优转速乘积应小于钻头钻压与转速乘积的允许值。

③ 钻头轴承最终磨损量 $B \leqslant 1$ mm，牙齿最终磨损量 $h \leqslant 1$ mm。

④ 在易斜地层钻进要求达到规定的井身质量指标。

(3) 钻压、转速的设计方法

① 采用钻压优选法。

② 采用试钻法优选钻压、转速。

③ 采用数学方法优选钻压、转速。

地层条件不同，钻压优选法和数学方法只能作为参考，然后通过试钻法确定适合该施工项目的钻压和转速，以达到最大转速。

冲洗液量设计前应了解设计井的地质及分层情况、井深及井身结构、全井钻井液方案、钻头使用方案及各次开钻的钻具组合方案等。同时，冲洗液量要达到清洗孔底、将岩屑顺利带出孔外、辅助碎岩等目的。

一般情况下,松散土层应选择小钻压、低转速、大泵量,岩石层应选择大钻压、高转速和相应泵量。

5.4.1.4 *防斜及纠斜技术*

井斜就是指实钻井眼轨迹偏离设计铅垂线的情况。井斜在地质勘探和油气井开发过程中危害较大,为了解决井斜问题,20 世纪 50 年代首次提出钟摆钻具防斜,60 年代首次提出满眼钻具防斜等。这些技术的应用全面提高了地质勘探和石油开发钻孔的井身质量。煤层气生产井垂直度要求高,如何做好防斜与纠斜工作是需要重点研究的问题之一,首先要弄清造成井斜的原因,然后有针对性地采取相应的纠斜方法。

(1) 井斜的原因分析

① 地质因素:

a. 地层可钻性的各向异性。沉积岩特性:垂直层面方向可钻性高,易钻;平行层面方向可钻性低,难钻。井斜趋势:钻头总是有向钻井阻力小的方向前进的趋势。地层倾角<45°,钻头偏向垂直地层层面的方向;地层倾角>60°,钻头沿平行地层层面方向下滑;地层倾角在45°~60°,井斜方向不稳定。

b. 钻头两侧的地层软硬交错。地层软硬不同,切削速度不同,钻头向地层上倾方向偏斜。钻头钻至交界面时,压垮硬薄层,留下小台肩,把钻头推向地层上倾方向。

c. 地层可钻性的横向变化。在井眼的一侧钻遇溶洞或较疏松的地层,而在另一侧钻遇较致密的地层,则导致钻头在井眼两侧切削速度不同,从而造成井斜。

② 钻具因素。导致钻具倾斜和弯曲的原因有:

a. 钻具和井眼之间有一定间隙。

b. 钻压的作用,钻柱受压靠近井壁或发生弯曲。

c. 钻具本身弯曲。

d. 转盘安装不平,井架安装不正,下部钻具倾斜和弯曲。

钻具的倾斜和弯曲将导致两种后果:引起钻头倾斜,在井底形成不对称切削;使钻头受侧向力的作用,产生侧向切削。

③ 井眼因素:

a. 钻头在井眼内左右移动,靠向一侧,导致井斜,钻柱的挠度加大,钻头偏斜加剧。

b. 受压弯曲。

(2) 满眼钻具防斜

如上所述,发生井斜的原因中地层(工作对象)是不可变更的,只能用新工艺和新工具适应地层。满眼组合钻具是当前常规防斜技术的典型组合,这种钻具组合有满眼、刚性的结构特点,即其稳定器外径接近井眼尺寸,钻铤外径较大,具有较强的抗弯能力,故能承受较高钻压而变形较小,使钻具组合在井眼内基本居中。

① 满眼组合钻具的结构特征。满眼组合钻具一般装 3 个稳定器,近钻头扶正器(近扶)靠近钻头,多为螺旋稳定器,向上依次是短钻铤(3 m 左右)、第二扶正器(中扶)、钻铤(1 根)和第三扶正器(上扶)。不同扶正器的作用是:

a. 近扶支撑井壁,抵抗侧向力,限制钻头偏斜。

b. 中扶保证中扶与钻头之间的钻柱不发生弯曲。

c. 上扶增大下部钻柱刚度,协助中扶防止钻柱弯曲。

如果是特别易斜的地层,还要装第四扶正器,安装位置在上扶之上一个钻铤单根处,直径与上扶相同,以增大下部钻柱的刚度,协助中扶防止下部钻柱轴线发生倾斜(图 5-24)。

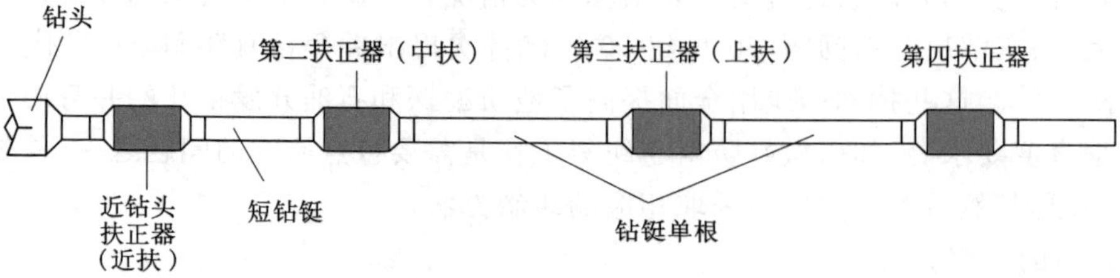

图 5-24　满眼组合钻具的结构特征

② 满眼钻具组合的使用注意事项:

a. 可有效地控制井眼曲率,不能控制井斜角的大小。

b. 只能用于防斜和稳斜,不能纠斜。

c. "以快保满,以满保直"。使用满眼钻具的关键在于一个"满"字,间隙对满眼钻具组合性能影响显著。

d. 在井眼曲率大的井段使用,容易卡钻。

e. 在钻进软硬交错或倾角较大的地层时,要注意适当减小钻压,勤划眼。

常用满眼组合钻具结构示意图如图 5-25 所示。

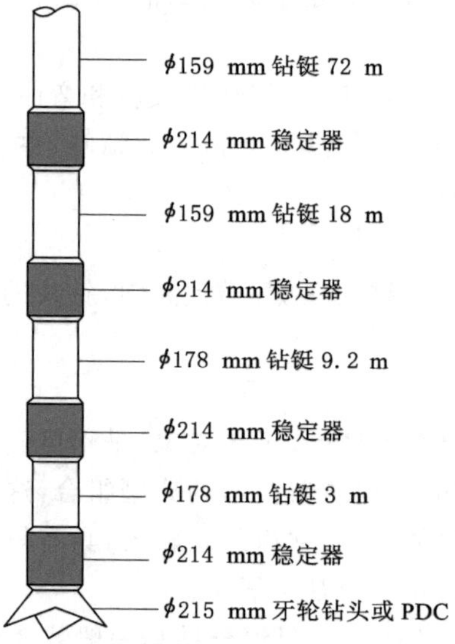

图 5-25　常用满眼组合钻具结构示意图

(3) 钟摆钻具控制井斜

① 钟摆钻具组合原理。钟摆钻具控制井斜的原理为在下部钻柱的适当位置安装一个扶正器，当发生井斜时，该扶正器支撑在井壁上形成支点，并保证以下钻柱不再与井壁接触。该扶正器以下的钻柱就好像一个钟摆，在钻头上产生一个最大的钟摆力。钻头在此钟摆力的作用下切削下井壁，从而使新钻的井眼不断降斜。

② 钟摆钻具增大钟摆力的途径：

a. 加大钻铤尺寸，增加重力。

b. 减小钻压，提高切点高度。

c. 安装扶正器，提高切点高度。

③ 钟摆钻具扶正器位置确定原则。扶正器位置对钟摆力的影响非常大，位置选择不当会适得其反，最优位置应该是：扶正器以下钻柱弯曲后刚要接触井壁，但尚未形成新切点，此时钟摆力达到最大。如位置偏高，扶正器以下钻铤将与井壁接触形成新切点，钟摆力减小；如位置偏低，钟摆力小。所以，钟摆钻具的关键在于扶正器至钻头的距离 L_z，也称为最优距离。

④ 钟摆钻具组合使用的注意事项：

a. 主要用于纠斜或降斜，在直井内无防斜作用。

b. 其性能对钻压特别敏感，钻压增大，则增斜力增大，钟摆力减小，使用时必须严格控制钻压。

c. 在直井内无防斜作用，要防斜，只能使用小钻压“吊打”。

d. 不能有效控制井眼曲率，易形成“狗腿”。

e. 间隙对钟摆钻具组合性能的影响比较明显，因此扶正器直径磨损时要及时更换。

常用钟摆钻具组合及结构示意图分别如图 5-26 和图 5-27 所示。

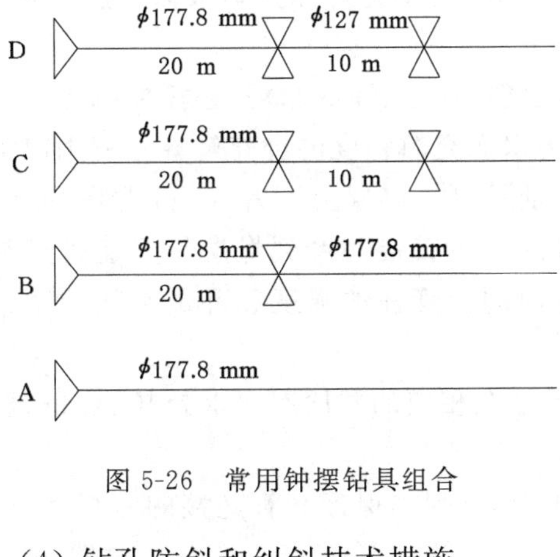

图 5-26 常用钟摆钻具组合

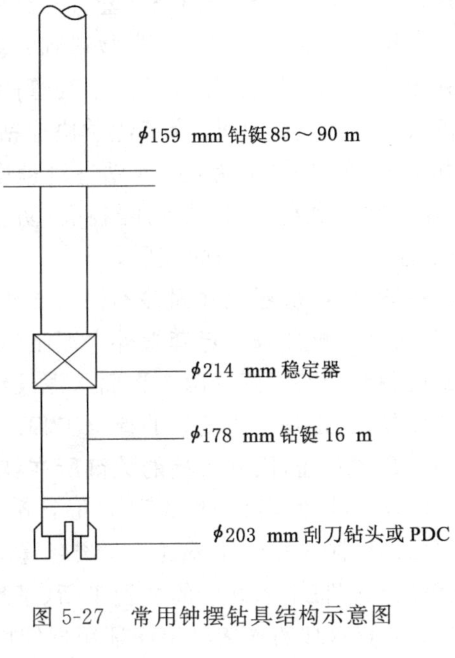

图 5-27 常用钟摆钻具结构示意图

（4）钻孔防斜和纠斜技术措施

① 安装：钻机安装要水平、周正。安装时要使天轮、大钩、转盘和井口位置（中心）在同一条直线上，需要时用铅垂线吊直。

② 操作：要认真仔细，操作平稳，开孔压力要小，一般立轴要 6～8 h 打完，正常钻进时，压力一般不大于钻铤全重的 1/3。班长必须了解钻孔结构、地层柱状图及地层变化规律并灵活运用。交接班时须开会将各种情况交代清楚，三班给压要基本保持一致。

③ 防斜：要树立“以防为主、以纠为辅”的观念。防斜必须控制压力，给压一定要均匀，不得忽大忽小，变层时一定要轻压进轻压出，防止地层倾角大而造成孔斜。一旦发现孔斜，可利用沙层较软空钻吊打的方法降低孔斜。基岩段钻进时，一定要轻压钻进，打完先导孔再正常给压。

④ 注意事项：开钻时，求稳不求快，放钻要慢，打好打直，只有这样才能保证下一步工作的顺利开展；钻进时，方钻杆要垂直于转盘和地面，不能歪斜、摇摆，可利用吊垂线校对方钻是否歪斜；发现孔斜时应去掉大直径钻铤（或扶正器），甩一段也能降低斜度；每根打完拉孔 2～3 次，孔斜时多拉数次；加完尺后压力要逐渐增加。

⑤ 导向孔要及时测斜，随钻进掌握钻孔的偏移量，测点段距一般要求 30～50 m，易斜地层段应加密测斜。一旦发现有超偏迹象要及时采取纠斜措施，如采用钟摆钻具或甩掉大直径钻铤（扶正器）的方法均能在一定程度上纠正孔斜，一般不需要采用螺杆纠斜，常规方法无效时再选用随钻螺杆定向钻进技术，须尽可能最大限度地降低全角变化率。

5.4.2 直井井型固井

5.4.2.1 固井的目的与要求

固井作业是通过固井设计，应用配套的固井设备、辅助设备及工具，将水泥、水和添加剂按一定的比例混合后，通过固井泵泵注入井，并顶替到预定深度的井壁与套管（套管与套管）的环形空间内，使套管与井壁（套管与套管）之间形成牢固黏结。

煤层气井在钻井过程中常常遇到井漏、井塌等复杂情况，影响正常钻进，严重时甚至导致井眼报废，遇到这种情况就要下套管固井，封隔好复杂地层后再继续钻进，直到建立稳定的煤气通道为止。因此，为了优质快速钻达目的层，保证煤层气的开采，就要采用固井工程。固井工程的主要目的为：① 在钻进过程中封隔易坍塌、易漏失等复杂地层，巩固所钻过的井眼，保证钻井顺利进行；② 封隔各层，防止层间互窜；③ 支撑套管和井口装置，建立煤层气通道；④ 封闭暂不开采的煤层。

一般来说，煤层气井固井不仅需要按要求下入套管，注上、注好水泥，还需要进行套管试压、利用井温测井来确定套管外水泥浆返高（也作为水泥充填程度的补充解释）、利用声幅和变密度测井分井段解释两个界面水泥胶结程度（特别是目标煤层上下各 30 m 井段）来评价固井质量，这也是一个复杂的综合工程。固井质量的好坏直接关系到煤层气井能否正常投产和寿命的长短，固井质量的关键所在就是下入井内的套管柱的强度和环形空间的密封问题。因此对于固井必须做到以下几个方面：

（1）套管柱的设计必须保证该套管串的任何部位在相应的井段有足够抗拉、抗挤、抗内压强度，以保证下入井内的套管不断、不裂、不变形。

（2）套管柱的连接必须保证用规定的上扣扭矩上紧丝扣，保证套管连接的密封性；煤层气井套管柱试压要求见表 5-14。

表 5-14 煤层气井套管柱试压技术参数

套管外径/mm	试压压力/MPa	30 min 降压/MPa
139.7	20	≤0.5
177.8	20	≤0.5

(3) 环形空间的水泥环要求均匀和连续封固到预计的深度，且要求水泥环与井壁及套管之间胶结和密封良好，以保证环形空间不窜、不漏，满足煤层气井正常生产和其他作业的要求；第一界面声幅值不大于 30 dB，第二界面要求地层波至少可以辨认，当采用的水泥浆密度小于 1.30 g/cm^3 时，声幅值可再增大 10%认为合格。

(4) 煤层气井表层套管固井水泥浆返至地面；生产套管固井应采用低密度(≤1.6 g/cm^3)水泥浆，试块 28 d 抗压强度大于 14 MPa；水泥浆上返至最上一个目的煤储层以上 200 m。

(5) 由于煤储层破裂压力系数较低，水泥浆有可能压裂目的层致使地层漏失，从而导致储层污染，水泥浆返高不够，无法保证固井质量，为此，需要考虑特殊的固井水泥浆体系，如低温膨胀水泥浆、高强度低密度水泥浆、双凝水泥浆，或者使用双级注水泥、绕煤层注水泥等特殊的注水泥工艺技术。

(6) 煤层气井井深浅(通常在 200～1 500 m)，井底温度低(25～45 ℃)，强度发展缓慢，失水不易控制，为此需要考虑降低水泥浆体系的滤失量，以利于防窜和保护产层。

(7) 由于煤层的机械强度低，井壁易垮塌，煤层段井眼呈现出“大肚子”或“糖葫芦”的特征，导致井底的掉块不能用钻井液携带出来，注水泥过程容易整泵，“大肚子”井段的泥浆在固井顶替过程中不能全部替出井眼，因此需要考虑使用高流变性、高强度、低密度水泥浆体系和低速塞流固井工艺技术。

(8) 水泥浆遇到产气层容易发生气侵问题，固井质量易受到影响，因此需要使用低温膨胀水泥浆进行固井。

(9) 大斜度定向井套管不易居中，形成窄流，固井质量受到影响，因此需要使用无沉降分离、低滤失、低密度的水泥浆体系进行固井。

5.4.2.2 固井类型

根据井身结构设计中各层套管柱的类型来划分，煤层气井固井可以分为表层套管固井、技术套管固井和气层套管固井三大类。

(1) 表层套管固井：用来封隔上部不稳定的松软地层和水层，安装井口装置，支撑技术套管与气层套管的重量，保护淡水资源。表层套管下入深度随各地区浅部地层地质构造特点而定，深度在几十米至几百米，表层套管底部一般位于稳定基岩顶以下 20 m 左右，其水泥浆通常返到地面。

(2) 技术套管固井：用以封固难以控制的复杂地层，保证下部钻井工作的顺利进行。如坍塌地层、异常压力层、严重漏失层及岩性变化大等复杂地层的井需下技术套管。技术套管水泥浆返高在需封隔地层以上 100～200 m；特殊工艺井要求水泥浆返到地面。

(3) 气层套管固井：用以封固煤层气储层和其他目的层井段内的地层，在井内建立一条煤层气通道，保证煤层气开采的顺利进行，满足强化增产措施实施等要求。气层套管下入深度由目的层的深度和完井方法决定，其水泥浆返高一般在煤层以上 100～200 m。

5.4.2.3 煤层气固井过程

一般来说，一口井的固井作业分如下几个步骤进行。

(1) 井眼准备

① 井身质量检查。要求完钻井深达到钻井设计要求，井身质量符合设计要求，对于不符合项进行整改，采取措施，使之满足完井要求。

② 循环。下套管前要充分洗井，使用稠浆举砂，洗井排量不小于钻进时的最大排量，循环不少于 2 周，调整钻井液性能达到注水泥设计要求。确保井壁稳定，不垮塌，不漏失，钻屑清除彻底，使井眼畅通无阻，保证管串能够顺利下入。

③ 划眼。完钻后，井队必须认真用原钻具通井划眼。对缩径、阻卡、存砂桥井段进行划眼处理达到畅通无阻，为下一步作业打好基础。

④ 漏失处理。当地层漏失压力和孔隙压力差值很小，容易发生井漏时，在下套管前必须先进行堵漏，循环正常后方可进行下套管作业。

⑤ 扩眼。受井身结构限制造成设计套管与井眼环空间隙小于 19 mm 时，在必要时采取扩眼等相应措施，以满足下套管及后期作业要求。

(2) 下套管

① 检查套管及附件。依据钻井设计中套管柱强度及固井设计的管串、装置规定准备套管和附件，对套管必须认真检查、通径、丈量、排序，目视管体表面是否有凹陷刻痕(深度超过壁厚 25%不能入井)，对不合格的套管、附件及时更换，保证入井管串满足工程、地质要求。

② 扶正器卡放。按固井设计要求卡放套管扶正器，其安放位置、数量和方法可以按照经验做法确定，但必须保证套管柱在井筒内居中。

③ 下套管要求。下套管使用专用的套管钳，按规定最佳扭矩进行紧扣；螺纹保持清洁，套管螺纹连接处使用钻井要求的合格的螺纹密封脂。

④ 套管下放速度。下套管作业，套管柱上提下放应平稳。套管下放速度主要以环空返速、地层承压等参数来确定。下套管必须要有下套管记录。下套管过程中要有防护措施，严禁杂物落入套管内，要有专人观察和记录井口钻井液返出情况。

⑤ 灌钻井液、定点循环。下套管过程中应及时、尽量灌满钻井液，按规定进行定点循环钻井液，正常后再进行下一步作业，保证套管顺利下入。

⑥ 下套管后循环洗井。下完套管灌满钻井液后开泵，观察泵压变化，排量由小到大，确认泵压无异常变化和井下无漏失后，将排量逐渐提高到固井设计要求，要充分循环洗井，保证井眼干净、畅通。

(3) 注水泥

由于每口井所采取的注水泥工艺各不相同，注水泥的施工细节可能有所不同，但以下几个步骤是不能少的：

① 注前置液。为提高水泥浆顶替钻井液的效率，保证水泥环质量，在钻井液与水泥浆之间注入一段“液体”，这种特殊的液体称为前置液，按其性质分为冲洗液和隔离液，在顶替钻井液过程中起到冲洗、稀释和隔离钻井液作用，从而提高水泥浆的顶替效率。

② 注水泥浆。按封固井段内井眼与套管之间环容的大小，计算用水泥数量，通过固井专用设备将干水泥和配浆水混合成一定密度的水泥，并通过套管注到井内。

③ 替钻井液。用顶替液将套管内的水泥浆顶替到套管外的环形空间，到达封固目的层

的过程，这是固井工作的主要环节。由于常用的顶替液为钻井液，故称替钻井液。

④ 套管试压。为了验证套管串的密封情况而进行的压力试验。具体做法：将套管内压力提高到某一规定的数值，经一定时间后不下降为合格，说明整个管串密封性好；如果在一定时间内套管内压力下降，则说明管串密封有问题，需查找原因进行处理。

⑤ 候凝。试压结束后，将套管内的压力释放掉，使套管处于不变形的状态下候凝，保证固井质量。此时，应注意浮箍、浮鞋的密闭性，如发生倒流现象（即环空水泥浆在压差作用下向管内流动），则须根据水泥浆与泥浆的压差值，确定一个回憋压力，此压力不宜过高，以免套管变形，一般在套管内外静压差基础上增大 1～2 MPa。

(4) 固井质量评价与补救

在注水泥浆完成以后，要在适当的时候进行固井质量检查，即进行水泥胶结评价测井，其目的就是检查水泥与套管（通常称为第一界面）、水泥与地层（通常称为第二界面）封隔情况，目前主要有水泥返高面温度测井、声波幅度测井、声波变密度测井、水泥胶结成像测井，如果发现固井质量不合格的井段，则根据需要进行补救注水泥作业，直至合格。

5.4.3 直井井型完井

从地面钻井到达目标煤层后，要进行完井处理，使煤层气井与煤层的天然裂隙和割理系统有效地建立联系。煤层气井完井方法是指煤层气井与煤层的连通方式，以及为实现特定连通方式所采用的井身结构、井口装置和有关的技术措施。完井过程中有时可能会造成对煤层的损害，使渗透率降低。因此，在选择煤层气井的完井方法时必须最大限度地保护煤层，防止对目标煤层造成伤害，减少煤层气流入井筒的阻力。此外，还必须满足的要求有：① 有效地封隔煤层气和含水层，防止水淹煤层及煤层气与水相互窜通；② 克服井塌，保障煤层气井长期稳产，延长其寿命；③ 可以实施排水降压、压裂等特殊作业，便于修井。

目前，常用的完井方法主要有裸眼完井和下套管完井，如图 5-28 所示。

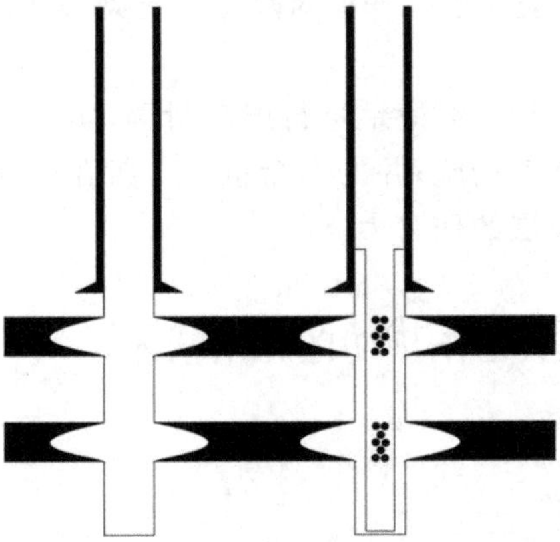

(a) 裸眼完井　　(b) 下套管射孔完井

图 5-28　两种完井方法

5.4.3.1 裸眼完井

裸眼完井是指钻井至目标煤层后，下套管只下到煤层顶部，而使煤层裸露。裸眼完井最常用的两种方法是：第一，钻井钻到目标煤层总深度，用地层封隔器引靴下套管，使套管靴定位于目标煤层之上 0.6～3 m 处，用水泥固井，然后钻掉封隔器引靴，使煤层裸露。第二，钻井钻到目标煤层上方0.6～3 m处，下套管和浮靴，用水泥固井，然后钻开煤层，使煤层裸露。

裸眼完井技术比较简单，成本较低。一些生产者总是试图先考虑采用裸眼完井。但是裸眼完井的应用有一定局限性，一般只适用于埋藏深度较浅(500 m以内)、厚度较大(5～10 m)、渗透率较高且顶板稳定和不易垮塌的煤层。

有时为了达到强化增产的作用，对裸露煤层进行动力造穴，即所谓裸眼洞穴完井，通过采用井内增压并迅速卸压的方法，使煤层垮塌，直到煤层段形成稳定的洞穴。但是，有时会出现地层严重坍塌，造成井筒堵塞，最终会影响产气量或需要费用高昂的洗井处理。经验表明，裸眼完井通常不如下套管完井那样成功，因此现在大多数都采用下套管射孔完井法。

5.4.3.2　下套管射孔完井

所谓下套管完井法，是用完井液钻穿煤层，下套管固井，煤层被套管封住，其次在煤层部位射孔，使煤层与煤层气井连通。

射孔是一种最有效、最经济的进入煤层方法，特别是当目标层为多煤层时，使用常规的射孔枪，可以快速进入地层并且定位准确。可用射孔子弹或聚能射孔弹射穿套管。聚能射孔弹在硬岩层中射孔较深，石油工业中多半用它来取代射孔子弹。但是，射孔子弹在低密度煤层中射孔较好，孔比较均匀。

黑勇士盆地煤层气生产者使用各种各样的聚能射孔弹。通常对浅煤层更优先使用能产生较大孔径的聚能弹，以便使流入钻井的气体量最大。然而，对较深煤层，可减小射孔直径以便更深地射入煤层，并射穿所有的水泥侵入带。大多数生产者使用直径为0.939 8 cm/1.041 4 cm、孔梁为20.32～33.02 cm的聚能射孔弹。

为防止射孔造成煤层的焦炭化和高温高压对煤层渗透率的影响，对采用套管射孔完成的煤层气井，不宜采用射孔的方式连通煤层和井眼，而应该采用喷砂割槽的方式，用水-砂混合液，通过直径为3.175～6.350 mm的喷嘴以高速砂液切割套管及水泥环，其相位为90°或180°。实践证明，这种方法可防止射孔作业对煤层的污染，同时有利于压裂作业和压裂液的回排。

采用射孔完井的优点是：可以有效地进行层间封隔，实行分层开采；也可以方便地进行煤层改造，对煤层采取强化增产措施；井的寿命也长。射孔完井的缺点是：射孔完井对煤层的伤害环节多，完井作业对煤层的伤害大。

5.5　L型井井型施工工艺(含未扰动区和采动区)

5.5.1　L型井井型钻井

5.5.1.1　L型井井身结构优化

(1) 井身结构优化目的与意义

井身结构设计是钻井设计的重要内容之一。合理的井身结构能最大限度地避免漏、塌、卡等工程事故的发生，保证钻井作业安全顺利进行，减少钻井费用，降低钻井成本。影响井身结构设计的因素很多，着重分析钻井工程因素对井身结构设计的影响，可为合理设计井身结构、降低钻井成本提供有效途径。

L型井一般设计为三开，下入技术套管的主要目的是封隔及稳固目的储层以上井段，保证水平段安全钻进。根据以往钻井资料及事故情况分析，储层以上井段未出现地质因素导致的钻井事故。煤层气单分支L型井水平段较短，钻井周期较短，工程难度小，工序较简单，但投入成本太高，可通过降低套管层次降低钻井成本来提高效益。

(2) 井身结构优化原则

① 能有效地保护油气藏，尽量采用较低钻井液密度，减小产层污染。

② 能避免喷、漏、塌、卡等井下复杂情况，保证L型井水平段安全钻进。

③ 当发生溢流时，具有压井处理溢流的能力，在井涌压井时不压漏地层。

④ 下套管过程中，井内钻井液液柱压力和地层压力之间的差值不致产生压差卡套管。

⑤ 尽可能提高机械钻速、降低成本。

⑥ 有利于井眼轨迹控制，精确中靶。

5.5.1.2 定向与地质导向施工技术

L型井轨迹控制采用定向与地质导向技术，着陆点以上井段采用MWD控制井眼轨迹，着陆点以下井段采用LWD地质导向技术。所谓地质导向就是指对随钻测量得到的数据进行实时分析，并以人机对话的方式来控制井眼轨迹的技术。它是根据井下实际地质特征来确定和控制井眼轨迹的钻井，而不是按预先设计的井眼轨迹进行钻井。这一技术可以精确控制井下钻具钻中最佳地质目标，使井眼始终位于产层内。地质导向技术对在薄产层和高倾斜产层中钻L型井尤为重要。

(1) 地质特点与轨迹控制难点

煤田勘探地质资料掌握不够精确，一般未做三维地震，控制精度无法满足水平井钻遇率要求，存在两种不确定性因素：一是储层埋深的不确定性，二是产状的不确定性。因此在储层水平段钻进时导致反复抽回侧钻，增加钻井事故，增加煤层浸泡时间而污染煤层，同时储层钻遇率达不到要求。

(2) 解决方法

为解决两种不确定性可能导致的钻出煤层后无法判断触顶还是触底，提出并试验了井眼轨迹控制原则和主动探顶技术与侧钻开分支技术，以保证出煤后做出准确判断，制订准确侧钻方案。

(3) 井眼轨迹控制原则与方法

① 标志层以上井段轨迹控制原则：L型井采用双增轨迹，钻进至设计标志层井深与井斜未见标志层时，须调整轨迹，稳斜钻进，直至以设计的井斜与方位找到标志层。若标志层提前，则须通过调整狗腿度或者缩短稳斜段来合理调整轨迹，保证下部井段轨迹在控制之中。

② 标志层至着陆点井段轨迹控制原则：设计轨迹在着陆点预留20 m稳斜段，钻进至设计见煤点井深与井斜未进入目的煤层时，须调整轨迹，稳斜钻进，直至以设计的井斜与方位找到目的煤层。若目的煤层提前，则需通过调整狗腿度或者缩短稳斜段来合理调整轨迹，预防触底。

③ 水平段轨迹控制原则：在进入目的煤层后，在允许条件下可适当降低造斜强度，尽量使目的煤层内轨迹平滑。

④ 预留排采放泵段：在实际施工过程中，按照设计要求必须预留放泵的稳斜段，稳斜段狗腿度不得超过3°/30 m，以满足泵筒运行要求。

5.5.1.3 主动探顶与侧钻技术

对目的煤层产状(倾向与走向)不确定的地质情况,储层钻进过程中因实钻方位与实际方位存在偏差会导致轨迹钻出储层。根据区块井眼,一般储层设计走向与实际走向误差为3°～8°,因此当按照设计轨迹钻进,若钻出煤层无法判断出顶还是出底,重复侧钻,增加钻井难度,延长钻井周期,增大煤层浸泡时间与事故风险。

在施工过程中,若发生储层埋深明显变化或钻进过程煤质变化与穿层现象,表明地层走向与设计不一致。此时须采用实际施工方位偏顶板方向钻进,保证在无法避免出煤层的情况下优先触顶,触顶也有利于悬空侧钻。钻出煤层不通过悬空侧钻而是调整轨迹重新找回煤层,易在煤和岩石交界处发生卡钻事故,且钻遇率低。主动探顶悬空侧钻轨迹示意如图 5-29 所示。

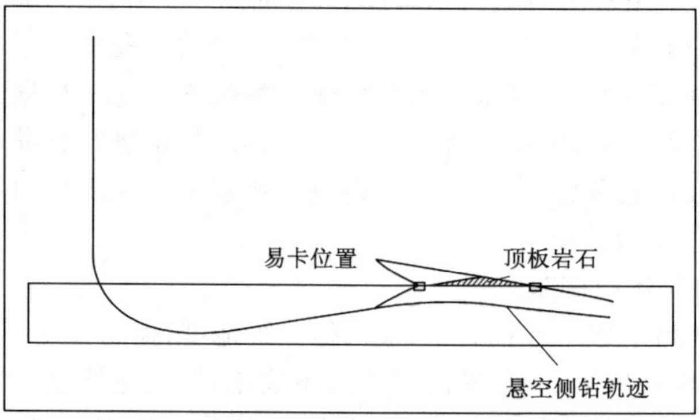

图 5-29 主动探顶悬空侧钻轨迹示意图

水平段悬空侧钻技术特点及施工流程如下:

(1) 水平段悬空侧钻难点:水平段钻压传递困难,地面不易判断掌握;煤岩松软易垮塌,井径扩大率较大。

(2) 制订侧钻方案:结合地质导向数据、钻遇地质工程情况进行顶底板判断,根据判断情况做出轨迹调整方案,可根据实际情况通过降斜和扭方位侧钻找回煤层。

(3) 悬空侧钻点的确定:针对轨迹情况,优选水平段上翘段,利用钻具自重和侧向力在水平段钻进时贴下井壁的规律,在上翘的井眼下方悬空侧钻出一个新井眼。

(4) 施工工艺:第一步,泥浆泵及设备工作正常,泥浆充分循环开,工具面摆至设计方位,确认钻头到达侧钻点。第二步,反复定向划眼,在井斜突变位置制造一个侧钻台肩。工具面摆好开始滑槽,侧钻点上部 10 m 井段滑槽 30 min,侧钻点下部 10 m 井段滑槽 15 min。开始侧钻,第 1 米 1.5 h,第 2 米 1 h,第 3 米 1 h,3 m 后根据捞的砂样调整。第三步,侧钻过程要求司钻操作平稳,禁止上提及活动钻具。第四步,每隔 0.5 h 捞一次砂样,清洗干净。第五步,侧钻完成后,在侧钻井段复合扫孔,加大侧钻段环空间隙。

5.5.2 L 型井井型固井

水平井固井工艺在煤层气开采中应用比较多,成本合适且具有良好增产效果。但是就实践经验来看,常规油气井水平井固井工艺并不适用于煤层气井水平井固井,水平井固井方面缺少相关经验。

5.5.2.1 水平井固井技术难点

(1) 水泥浆要求高。水泥浆作为影响水平井固井质量的关键因素,在煤层气开采施工中对其性能有着十分严格的要求,但是就实践经验来看水泥浆配方设计难度比较大,管理上难度也较大。煤层气井井底温度多为 25～45 ℃,温度较低,会对水泥石早期强度产生较大影响,造成后期强度低,再加上外加剂配伍少,一般情况下外加剂并不会发挥多大作用。对于固井所用水泥浆应确保其具有良好的防气窜效果,且还须具备低滤失、微膨胀以及良好的流动性与稳定性特点,要求在设计配方时有效控制自由水的析出,以免受到水平段重力影响出现沉降问题。很多情况下就是因为水平段控制不当,自由水移动到环空上侧后形成水带或者水槽,无法发挥其自身的层间隔离作用,导致固井无法达到预期效果。

(2) 固井漏失问题。就实践生产经验来看,煤层孔隙压力系数一般均比较小,再加上受到不断变化的压力梯度影响,导致固井漏失问题发生的概率非常大。另外,水泥浆密度远大于钻井液密度,在水平井固井作业时,也存在较大可能会出现水泥浆漏失问题,一旦发生必定会影响到煤层质量。因此,就煤层气井水平井固井技术的研究,需要重点解决固井漏失问题,最大程度上排除各项因素的影响。

(3) 套管下入困难。就煤层气井水平井固井施工特征来看,在进行水平井钻井时,直井段向水平段过渡的井斜角与方位角不断变化,影响到井眼轨迹与设计产生偏差,尤其是在重力因素作用下,套管在通过大斜度井段和水平段位置时,将会与井壁产生非常大的摩阻,影响套管下放效率与质量,难以达到居中效果,从而影响固井质量。

5.5.2.2 煤层气井水平井固井质量影响因素

对煤层气井水平井固井应用效果进行分析,可以确定还存在较多不足,因为现场条件与施工情况对固井质量有着较大干扰,其中最为主要的就是顶替效率低。尤其是对于埋藏较浅的煤层,固井时替浆量比较少,待完成注水泥后,存在一半以上体积的水泥浆会进入环空,但是因为设备以及井下条件的限制,导致实际固井中无法达到紊流顶替排量。再加上紊流顶替时环空存在较高返速,摩阻非常大,在低压易漏井内存在较大可能会发生压漏地层的问题。另外再加上煤岩层光滑度高、解理面不规则等特点,使得水泥环二界面胶结难度增大,实际施工中对水泥浆的要求十分严格。结合实践经验来总结顶替效率低的因素主要包括以下几个方面:

(1) 管偏心。如果煤层气井水平井在斜度井段以及水平井段套管所受到的重力方向由轴向转变为径向,则会存在较大可能造成套管偏心,加大套管低边钻井液驱动的难度,出现窜槽问题的可能性增大,使得顶替效率降低。另外,当大斜度井段井斜与方位产生变化后,还会对套管居中程度产生影响。

(2) 水泥浆性能。煤层气井水平井固井所应用的水泥浆必须具有良好的沉降性和流动性,但是对于水泥浆液来讲,沉降性与流动性两者之间相互制约,想要同时达到性能优良的效果,必须应用外加剂来实现。并且,外加剂用量不同,产生的效果也存在较大差异,进而会在不同程度上降低水泥浆替浆对井壁冲刷的效果,无法保证井眼干净度,降低顶替效率。

(3) 钻井液性能。煤层气井水平井段钻井时,一般会选择相对密度大以及黏度高的钻井液作业,以免造成井壁坍塌。但是此种状态下的钻井液流动性非常差,固井替浆时,便会出现窜槽问题，也会对顶替效率产生影响。

（4）前置液。煤层气井水平井固井施工前，应选择黏度与切力比较低的钻井液作业，这样就对前置液性能设计以及用量有着十分严格的要求，以免在固井过程中出现流体窜槽的问题，确保达到良好的顶替效果。

5.5.2.3 煤层气井水平井固井技术优化策略

（1）水泥浆优化。为确保设计的水泥浆可以达到水平井固井施工要求，在设计方案时需要以煤层气井水平井井身结构特点作为依据进行综合分析。煤层气井水平井井深较浅且井底温度较低，受到较低地层压力以及不断变化的压力梯度影响，水泥浆漏失的可能性非常大。必须保证水泥浆可以承受低温条件影响，使其在低温条件下可以保持较大的早期强度，并适当地添加低温早强剂，同时还可以向其中添加减轻材料与降失水剂，在控制水泥浆失水量的同时，降低水泥浆密度。另外，为提高水泥浆在低温条件下的流动性，还需要向其中添加分散剂，使其具有良好的顶替效率。同时控制好内部添加的稳定剂含量比例，争取达到提高水泥浆沉降稳定性并控制自由水析出的效果，提高其对重力的抗干扰能力，使其具有良好的封隔效果，提高固井质量。

（2）隔离液选择。最常用的隔离液就是清水，但是需要严格控制用水量：如果用量过少则无法进行有效的套管与井壁冲洗，且会影响水泥石胶结效果；用量过多则会对井壁钻井液造成过度冲刷使其减少，甚至会造成井壁坍塌，出现井漏问题。总结以往经验试验优化，可确定最佳隔离液使用方案为1.05 g/cm^3 浓度的 WH-2＋低密度水泥浆。此种隔离液方案可以根据实际情况来对水泥浆密度值进行灵活调节，使其可以与钻井液、水泥浆形成密度差，实现井壁与套管的有效冲洗。并且低密度水泥浆还能够利用携砂方式顶替水平段存在的岩屑，提高井眼的干净度，同时达到较高的顶替效率，对二界面的胶结质量进行有效改善。

（3）调整扶正器。煤层气井水平井固井造斜段和水平段套管居中操作时因为各项因素的限制存在较大难度，为达到预期施工效果，可以选择扶正器施工，来提高套管下放的安全性与高效性，且实现套管居中设置。其中，综合试验数据可知，当井眼套管居中度超过67%以后，才可以具有较高的顶替效率。实际施工中可对直井段每5根套管设置1根扶正器，而大斜度段则可以为每根套管配套设置1根扶正器，对于水平段则可以为每2根套管设置1根扶正器。为进一步提高施工效率，可采用螺旋滚轮刚性扶正器与弹性扶正器交替使用的方法作业，通过引导套管来达到预定位置，在循环时可以对液体流向进行调整，使其改变成横向流动，来达到提高顶替效率的目的。

（4）复合顶替技术。想要有效提高顶替效率，在进行煤层气井水平井固井施工时，便可以采用紊流顶替方法。以煤层气井水平井实际特点为依据进行综合分析，确认固井结构是否适用紊流顶替方法。如果顶替过程中水泥浆与井壁之间存在较大的摩擦阻力，以及泥浆与水泥浆密度差较大，则会使得替浆后期具有非常大的静液注压力，存在较大的可能会出现煤层垮塌或者井漏问题，基于此便可采用双车大排量紊流顶替方法作业，如果内外压差超过3 MPa，则采用单车塞流顶替方法，不仅具有较高的顶替效率，且可避免井漏问题发生。

5.5.3 L型井井型完井

水平井完井包括裸眼完井、衬管完井、射孔完井3种。

5.5.3.1　水平井裸眼完井

如图 5-30 所示，中间套管下至预计水平段顶部，注水泥固井封隔，然后换小一级钻头钻水平井段至设计长度完井。该法主要用于中高煤阶煤层，特别是有一些垂直裂隙的地层。

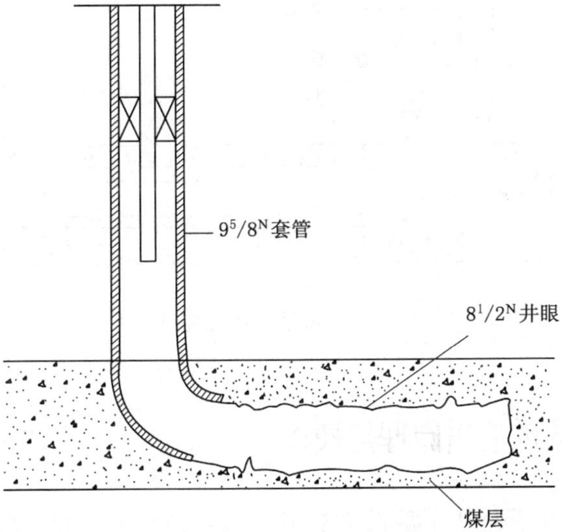

图 5-30　水平井裸眼完井

5.5.3.2　水平井割缝衬管完井

如图 5-31 所示，割缝衬管悬挂在技术套管上，靠悬挂封隔器封隔管外环形空间，扶正器保证割缝衬管居中。

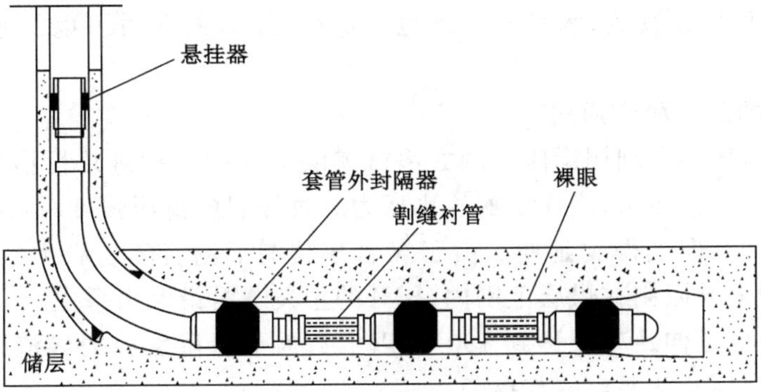

图 5-31　水平井割缝衬管完井

该法有助于裸眼完井防塌，方法简单，适用于中低煤阶煤层。

5.5.3.3　水平井射孔完井

如图 5-32 所示，中间套管下过直井段，注水泥封固；水平段下尾管，注水泥封固，尾管靠悬挂器挂在技术套管内，然后尾管水平段射孔。该法可分层酸化、压裂及分层注水。

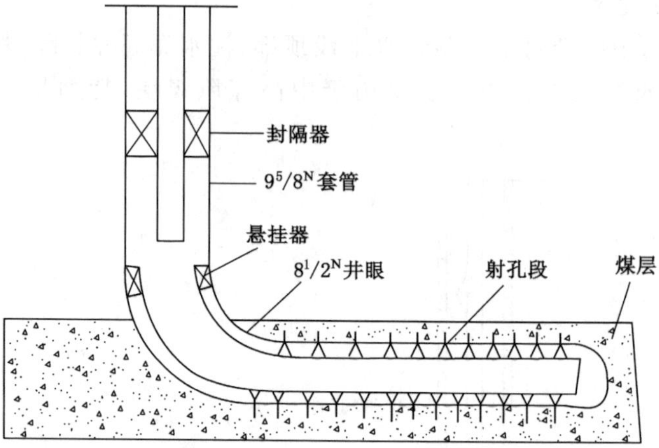

图 5-32　水平井射孔完井

5.6　地面钻井水力增透抽采原理与技术

煤储层的特点是弹性模量比一般的砂岩或石灰岩储层低，而压缩系数高，气、水共存，天然裂缝发育，气藏压力低，气层易损害。在我国的煤层气储量中，低渗透气藏储量占了很大的比例，如果只采用抽排煤层中的承压水来降低煤层压力的方法，使煤层中吸附的甲烷气释放出来，而不采取任何增产措施，不仅煤层气单井产量较低，而且许多井将失去开采的价值。所以，为了提高煤层气单一井的产量，获得经济产量，必须采取一些有效的增产措施。

压裂是利用流体压力将地层压开一条或几条水平的或垂直的裂缝，并用支撑剂将裂缝支撑起来，减小气、水的流动阻力，沟通气、水的流动通道，从而达到增产增注的效果。压裂目前多用于竖直井改造，水平井逐渐也有应用，压裂的介质可以是水，也可以是高能泡沫。

5.6.1　水力压裂的原理和作用

煤层水力加砂压裂是利用增应力的方法对煤层实施的一种进攻性措施，它利用强大的水动力对煤层实施强行注水，当煤层的注水压力超过煤岩的抗压强度时，煤层中的微裂缝被压开并在横向上和纵向上得到延伸。由于煤岩与其上下围岩的岩石力学性质有较大的差异，一般情况下裂缝被限制在煤层范围内，压开的主裂缝沿最大水平主应力方向在煤层中延伸，动态裂缝的单向延伸距离可达到 130 m 以上。为了保持裂缝的导流能力，在压裂施工中需要在裂缝中充填特殊要求的支撑剂。

水力加砂压裂可在煤层中建立一条具有较高导流能力的主支撑裂缝，同时使煤层中的众多微裂缝相互连通，在煤层中形成复杂的连通网络，有效地连通井筒和储层，从而提高煤层渗透性，以促进排水降压，提高产气速度，达到增产的效果，这对低渗透煤层中开采煤层气尤为重要。由于压裂对煤层是增应力作用，在压裂裂缝的扩展、连通和支撑过程中，压裂液对煤岩本体是一种很强的挤压作用，它会导致煤岩的弹性或塑性变形，给以后的裂缝闭合提供能量基础，所以，压裂井的早期排采生产管理非常重要。

目前，水力压裂改造措施是国内外煤层气井增产的主要手段。在美国 14 000 余口煤层气井中，有 90%以上的煤层是通过水力压裂改造的，经压裂后的煤层，其内部可出现众多延伸很远的裂缝，使得在煤层气井抽采时井孔周围出现大面积的压力下降，受降压影响，煤储层中气体解吸的表面积增大，保证了煤层气能迅速并相对持久地释放，其产量较压裂前可增加 5～20 倍，增产效果非常显著。水力压裂改造技术在我国也得到了很好的应用，目前几乎所有产气量在 1 000 m^3/d 以上的煤层气竖直井都是经过压裂改造的。

5.6.2 压裂裂缝形成过程和技术特点

5.6.2.1 水力压裂裂缝形成过程

水力压裂工艺技术是在大排量、高泵压下将高黏液体以远超过地层吸收能力的排量注入井中，在井底憋起高压；当此压力大于井壁附近的地应力和地层岩石抗张强度时，在井底附近地层产生裂缝；接着泵入混有支撑材料的携砂液，将支撑材料带入缝内，裂缝继续向前延伸并填以支撑剂，停泵返排后，破胶降解的压裂液流入井筒，支撑剂留在缝中；随着泵注的继续，支撑剂进入裂缝深处，并继续运动到达裂缝端部，压裂液滤失，从而形成具有一定几何尺寸的填砂裂缝，由于储层导流能力增高，注入的填充剂可扩宽并伸展这些裂缝，从而在井底附近地层内形成更多的次生裂缝与裂隙，增加煤层的透气性；携砂液泵注完成后，压裂液继续滤失，压裂液返排后裂缝闭合，形成具有一定导流能力的支撑裂缝，以利于煤层气流入井中，达到增产目的。

5.6.2.2 水力压裂技术特点

水力压裂技术发展比较早，有比较成熟的现场施工经验，而且技术成本较低，但由于煤层具有很强的吸附能力，吸附压裂液会引起煤层孔隙的堵塞和基质的膨胀，从而使割理孔隙度及渗透率下降，而且这种降低是不可逆的，因此，目前国内外在压裂改造技术中，开始使用清水来代替交联压裂液，以预防其伤害，但其造缝效果受到一定的影响。由于煤岩易破碎，因此，在压裂施工中，由于压裂液的水力冲蚀作用及与煤岩表面的剪切与磨损作用，煤岩破碎产生大量的煤粉及大小不一的煤屑，不易分散于水或水基溶液，从而极易聚集起来阻塞压裂裂缝的前缘，改变裂缝的方向，在裂缝前缘形成一个阻力屏障。所以，水力压裂技术适用于煤层比较坚硬的情况，而新型压裂材料的研究是压裂技术的关键，是今后发展压裂改造技术的一个重要方面。

5.6.3 煤层压裂改造及配套工艺技术

5.6.3.1 完井技术

煤层气井的完井一般采用全井下 ϕ139.7 mm 或 ϕ177.8 mm 套管的方式，并用低密度水泥浆固井，再用高密度深穿透射孔工艺射开煤层或围岩。这种完井技术的优点是既稳固了井身，又减少了对煤层的污染，有利于煤层分层压裂改造，并且满足排水采气需要，经济性好。

5.6.3.2 压裂液

压裂液的性能好坏直接关系到压裂改造的成败及增产效果，根据煤层气储层裂缝发育以及渗透率、压力及含气饱和度均偏低的特点，一般选用清水作为压裂基液，其矿化度与煤层水接近，不伤害煤层。

5.6.3.3 支撑剂

煤层气储层深度一般在 500～1 000 m，裂缝闭合压力小，因此选用天然石英砂(30 MPa 下破碎率小于 12%)作为支撑剂，既满足支撑裂缝要求，经济性又好。压裂加砂组合方式有粉砂＋中砂＋粗砂、粉砂＋粗砂、中砂＋粗砂和单用粗砂 4 种。

理论上煤层气压裂改造支撑剂选择粗砂效果最好，可避免排采时粉砂返吐堵塞裂缝，但是单纯加入粗砂施工难度较大，因此，一般选用粗砂和粉砂以及中砂搭配使用：粉砂加在前置液中，以减少压裂液滤失，利于造缝；中砂和粗砂支撑裂缝，改善煤层渗透性；尾注粗砂用于提高裂缝入口导流能力。

5.6.3.4　压裂施工工艺技术

煤层气井压裂通常采用套管注入压裂液的方式，以降低管壁间的摩擦阻力，从而降低施工作业流体压力。压裂施工开始时适当增大前置液注入量，以充分造缝，避免砂堵。煤层气井压裂改造通常采用比较大的压裂液泵注排量，以提高压裂液造缝效率，对于薄煤层则应适当减小压裂液泵注排量，以防止裂缝高度延伸过高而缩短缝长。支撑剂的添加通常采取分段加砂、逐步提高砂比的方式，以增大支撑裂缝宽度，提高裂缝导流能力。压裂收尾阶段适当减小顶替液量，以确保裂缝入口的高导流能力，控制压裂液返排速度，保证裂缝充分闭合，防止砂粒和煤粉返吐。压裂完成后一般有 1 h 的测压降阶段，用于分析地层压力恢复情况。多煤层井一般分层压裂，以提高单煤层改造程度。

对于多煤层完井的煤层气直井，油管下到了最深的煤层，实施压裂措施后，水从煤层中流出，并沿环空向下流动，然后通过油管泵出。基岩中释放出的甲烷流入套管和油管之间的环空，上升到地面，通过管道送到压缩站进行压缩，然后和井生产的煤层气合并在一起。产出水进行地面处理，根据需要可重新注入地下较深的地层。

煤层气井压裂具有排量大、工作压力低的特点，相应的压裂设备应选用单机排量大的压裂机组及配套设备以满足压裂施工需求。一般来说压裂设备总的输出水功率以及排量要留有 30％以上的富余量，压裂液一般也要求有 20％的富余量，以适应压裂作业现场特殊情况的处理。井口连接高压管线一般用两路，并在主管线上安装放喷口，用于循环压裂泵车和井场异常情况的处理。

5.6.4　压裂裂缝高度控制技术

5.6.4.1　常规控制裂缝高度技术

（1）利用地应力高的泥质隔层控制裂缝高度。利用泥质隔层控制裂缝高度，储层上下的泥质隔层厚度一般应不小于 2～5 m，上下隔层地应力高于储层的地应力 2.1～3.5 MPa 时更为有利。隔层厚度可以通过测井曲线确定，储层和隔层地应力值可以通过小型测试压裂、声波和密度测井或岩心试验取得。

（2）利用施工排量控制裂缝高度。施工工程中，压裂液排量越大，对储层作用力越大，压裂裂缝高度越大，所以可以通过控制施工压裂液排量来控制压裂裂缝的高度。

（3）利用压裂液黏度和密度控制裂缝高度。压裂液黏度越大，压裂裂缝高度越大。利用压裂液密度控制裂缝高度，是通过控制压裂液中垂向压力分布来实现的。若要控制裂缝不向上延伸，应采用密度较高的压裂液；若要控制裂缝不向下延伸，则应采用密度较低的压裂液。

5.6.4.2　人工隔层控制裂缝高度技术

（1）用漂浮式转向剂控制裂缝向上延伸。在压裂加砂前通过前置液将漂浮式转向剂带入裂缝，并使其上浮聚集在新生成裂缝顶部，形成压实的低渗透区，阻挡缝内流体压力向上部地层传递，从而控制裂缝不向上延伸。漂浮式转向剂控制裂缝向上延伸技术见图 5-33。

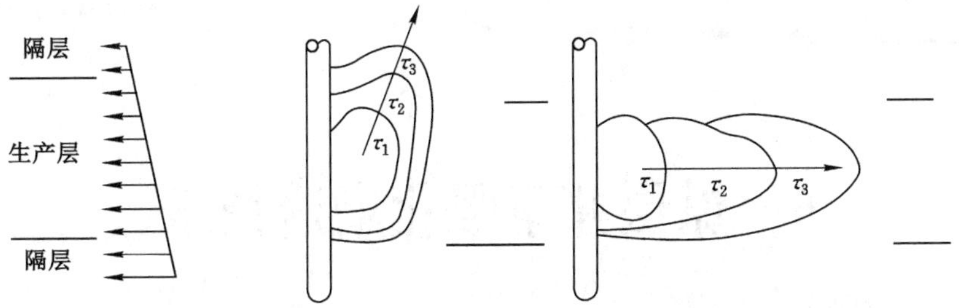

(a) 储层压力状态 (b) 无转向剂时流体的剪切应力 (c) 漂浮式转向剂作用下流体的剪切应力

τ_1, τ_2, τ_3—不同压裂压力作用下流体的剪切应力。

图 5-33 漂浮式转向剂控制裂缝向上延伸技术

漂浮式转向剂控制裂缝向上延伸技术适用于生产层与非生产层互层的块状均质地层，水层位于生产层之上，两者之间无良好隔层。生产层与上隔层的地应力差较小时，不能阻止裂缝垂向延伸。

(2) 用重质沉降式转向剂控制裂缝向下延伸。这一技术是通过使用重质沉降式转向剂在裂缝底部形成压实的低渗透层，阻止裂缝向下延伸。其工艺过程基本上与使用漂浮式转向剂相同，不同之处仅在于所使用的转向剂不相同。沉降式转向剂目前主要用石英砂和陶粒。

(3) 同时使用两种转向剂控制裂缝向上和向下延伸。这种技术是将上述两种技术综合应用，见图 5-34。

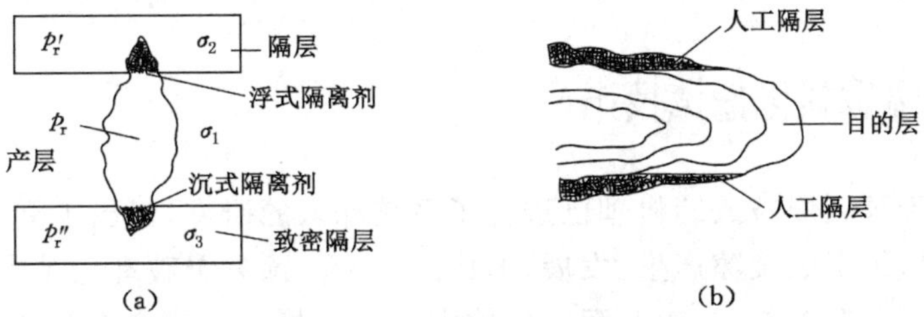

p'_r—储层上部隔层压力；σ_2—压裂压力作用下储层上部隔层应力；p_r—储层压力；σ_1—压裂压力作用下储层应力；p''_r—储层下部致密隔层压力；σ_3—压裂压力作用下储层下部致密隔层应力。

图 5-34 同时使用两种转向剂控制裂缝向上和向下延伸

5.6.4.3 冷水水力压裂控制裂缝高度技术

向温度较高的地层注入冷水，可使地层产生热弹性应力，大幅度地降低地层应力，使缝高和缝长控制在产层范围内。

冷水水力压裂控制裂缝高度技术是在低于地层破裂压力的条件下，向地层注入冷水预冷地层，然后提高排量和压力，使压力仅大于被冷却区水平应力，在冷却区内压开一条裂缝，控制排量和压力，注入含高浓度降滤剂的冷水前置液延伸裂缝，最后注入低温黏性携砂液支撑裂缝，完成压裂全过程。

冷水水力压裂控制裂缝高度技术适用于不存在水敏、水锁伤害问题的产层，对于采用常规水力压裂技术难以控制裂缝延伸方向的油气层和胶结性较差的地层具有理想效果。

6 煤层井下强化增透技术

6.1 概述

我国煤层普遍存在渗透性低的问题，采用常规的钻孔布置方式及参数预抽煤层瓦斯时，很难抽出煤层中赋存的瓦斯，也难以达到抽采效果，为此就需要对煤层实施各种增透技术，改变煤体内的应力分布和增加瓦斯渗流的裂隙通道，提高煤层透气性，使大量的吸附瓦斯转变成自由流动的游离瓦斯，促进瓦斯抽采，这些技术被称为煤层增透技术。

目前，根据煤层赋存和开采条件，煤层增透技术可以划分为煤层群保护层开采区域增透技术和单一煤层开采增透技术。煤层群保护层开采区域增透技术是利用煤层群开采的特点，先开采无突出危险或突出危险程度小的煤层，使具有突出危险性的煤层得以卸压增透；单一煤层开采增透技术主要是针对单一煤层开采时所采取的增透措施。主要增透技术有深孔预裂爆破强化增透技术、CO_2 强化增透技术、水力压裂强化增透技术、水力割缝强化增透技术和掏穴扩孔强化增透技术等。

6.2 深孔预裂爆破强化增透技术

近几年来关于预裂爆破成缝机理已进行了系统深入的研究，得出了许多有价值的结论，并从不同角度提出了爆破裂隙产生、发展、形成的理论。预裂爆破理论基本上都是以岩石这样的固体介质作为研究对象，未对含瓦斯煤体中的预裂爆破和爆破裂隙的产生及发展规律进行过系统研究。在煤矿井下实际爆破工作中，有相当大一部分是在煤体中进行的，如防治煤与瓦斯突出时采取的松动爆破、震动爆破措施，工作面回采、掘进爆破等。多年来，在研究爆破机理时，瓦斯的作用作为固体假设条件而予以忽略，这与实际是不相符的。实际上，煤与瓦斯处于一个系统中，作为一个整体相互联系和作用。

6.2.1 深孔预裂爆破的作用

炸药爆破法分为 2 种：松动爆破和深孔控制预裂爆破。松动爆破就是在工作面前方的煤体中打炮眼进行装药爆破，使炮眼周围的煤体在炸药的爆压作用下产生破裂和松动，以形成破碎圈、松动圈和裂隙圈。深孔控制预裂爆破是在采煤工作面的进、回风巷每隔一定距离，平行于采煤工作面打一定的爆破孔和控制孔，二者交替布置，控制孔对爆破孔的爆破裂纹有导向和加速扩张的作用，可以提高爆破效果，使整个布孔带形成的破裂区和粉碎区扩大，煤层内形成大范围的卸压区。

在含瓦斯煤体中进行的深孔预裂爆破既不同于普通预裂爆破又不同于松动爆破。深孔预裂爆破的目的是增加煤体的裂隙长度和范围，以提高爆破煤体的透气性，因此，它不仅要求在相邻孔间连线方向形成贯通裂缝，而且要求在其他方向尽可能多地产生裂隙，使煤体内形成以炮孔为中心相互连通的裂隙网。深孔预裂爆破的特点是在爆破孔周围增加辅助自由面——控制孔，而且是在含瓦斯煤体中进行的，煤与瓦斯处于一个系统内，因此无视瓦斯的存在，单纯把煤体作为固体介质进行研究，是不确切的。尤其在研究瓦斯抽采过程中，应考虑瓦斯压力对产生爆生裂隙的影响，所以在机理上与松动爆破是有区别的。

深孔预裂爆破是在工作面前方存在一定卸压煤体的安全防护下，在前方引爆几个深孔炮眼形成煤体预裂爆破，其中控制孔在爆破过程中起到控制爆破方向与补偿爆破裂缝空间的作用，形成卸压槽。爆破后，在爆炸冲击波和应力波的直接作用下，装药周围的煤体中将形成空腔区、压碎区、裂隙区和震动区。在压碎区和裂隙区内，形成了辐射状的径向裂隙和圆环状的切向裂隙，一方面中断或减弱了围岩中径向和切向应力的传递，降低了围岩的应力，有利于瓦斯的解吸，另一方面增加了炮孔附近煤体的透气性，为游离瓦斯的抽采创造了条件。在震动区内，虽然没有形成可见的宏观裂缝，但爆生气体产生的准静态应力场使煤体中原有的微观孔隙(裂纹)发生了损伤，煤体储存的弹性变形能部分得以恢复，应力水平趋于下降，瓦斯变得易于抽采。当压缩粉碎圈形成以后，冲击波衰减成为应力波，并以弹性波的形式向介质周围传播，虽然其强度已经低于煤岩体的极限抗压强度，不足以产生压坏，但是由于煤岩体的抗拉强度远小于其抗压强度，所以当应力波产生的伴生切向拉应力大于煤岩体的抗拉强度时，则岩石被拉断，形成与岩石破碎区贯通的径向裂隙。随着应力波的继续传播，其强度也继续衰减，因为应力波的传播速度大于裂隙的传播速度，所以当应力波的峰值衰减至小于岩石强度的时候，已经形成的裂隙仍然继续扩展着，当应力波传播至控制孔孔壁时，立即发生应力波的反射；由于控制孔反射产生的拉应力波以及强间断波阵面后方的弱间断波造成的拉应力的共同作用，使得在沿着爆破孔与控制孔连心线方向上的控制孔边缘也产生了裂隙，并沿着连心线方向上与爆破孔产生的径向裂隙相贯通。最后，在爆破孔的周围形成包括压缩粉碎圈、径向裂隙和环向裂隙交错的裂隙圈及次生裂隙圈在内的较大的连通裂隙网。

6.2.1.1 炸药爆轰时的能量分析

凝聚炸药爆炸后，炸药的能量转化成了爆轰波的能量，以爆轰波形式直接作用于介质上。因此，破岩或破煤过程中的能量是由爆轰波提供的。根据爆轰波理论，爆轰波的能量密度可用下式表示：

$$E=\rho\left[\frac{p}{(n-1)\rho}+\frac{1}{2}u^2\right] \tag{6-1}$$

式中 ρ——爆轰波阵面的密度，$\rho=4\rho_0/3$；

p——爆轰波阵面的压力，$p=\rho_0 D^2/4$，D 为爆破药柱的直径；

u——爆轰波阵面的质点速度；

n——多方数，$n=3$；

ρ_0——爆轰波阵面的初始密度。

炸药的爆炸过程中，动能是能够集中的，位能不能集中，反而起分散作用。由于炸药均在密闭的炮孔中爆炸，并带有较强的外壳，炮孔和外壳可以延缓圆周侧向的稀疏波进入炸药的时间，因而能减少装药层不完全分解的化学损失和高温、高压爆生气体的位能过早逸散，提高装药能量的利用率。因此，不论是应力波还是爆生气体，它们在破岩过程中都只是提供能量的一种表现方式作用于介质上，使介质分子的能量发生改变。

6.2.1.2　爆炸应力波的作用

在无限介质中，炸药在炮孔内爆炸后，产生强大冲击波和高温高压爆生气体。由于爆炸压力远远超过介质的动抗压强度，使炮孔半径 1～3 倍范围以内的介质被强烈压缩、粉碎，使爆破孔半径扩大，形成爆破空腔，进而产生压缩粉碎区(圈)或称爆破近区。在该区内有相当一部分爆破能量消耗在对介质过度破碎上，然后冲击波透射到介质内部，以应力波形式向煤体内传播。在应力波作用下，介质质点产生径向位移，由此在靠近压缩区的介质中产生径向压缩和切向拉伸。当切向拉伸应力超过介质的动抗拉强度时会产生径向裂隙，并随应力波向前传播而扩展。当应力波衰减到低于介质抗拉强度时，裂隙便停止扩展。在应力波向前传播的同时，爆生气体紧随其后迅速膨胀，进入由应力波产生的径向裂隙中，由于气体的尖劈作用，使裂隙继续扩展。随着裂隙的不断扩展，爆生气体膨胀，气体压力迅速降低，当压力降到一定程度时，积蓄在介质中的弹性能就会释放出来，形成卸载波，并向炮孔中心方向传播，使介质内部产生环向裂隙，通常环向裂隙较少。由于径向裂隙和环向裂隙互相交叉而形成的区域称为裂隙区或爆破中区。当应力波进一步向前传播时，已经衰减到不足以使介质产生破坏，只能使介质质点产生震动，以地震波的形式传播直至消失，故把裂隙区以外的区域称为震动区或爆破远区。

6.2.1.3　控制孔的作用机理

由于爆破孔附近存在辅助自由面——控制孔，当压缩应力波传播到该自由面时，会反射成拉伸波，当拉伸波大于介质的抗拉强度时，就会产生霍金逊效应，使介质从自由面向里片落。同时反射拉伸波和径向裂隙尖端处的应力场相互叠加，促使径向裂隙和环向裂隙进一步扩展，大大增加裂隙区的范围。

从控制孔附近的应力分布来看，由于控制孔的直径远小于孔间距，因此可把爆炸压力对控制孔的作用视为无限大介质受爆炸压力作用的弹性力学模型，控制孔处于爆破应力场中，使爆炸压力的分布状态发生改变，在控制孔附近产生应力集中。其应力状态力学模型如图 6-1 所示。

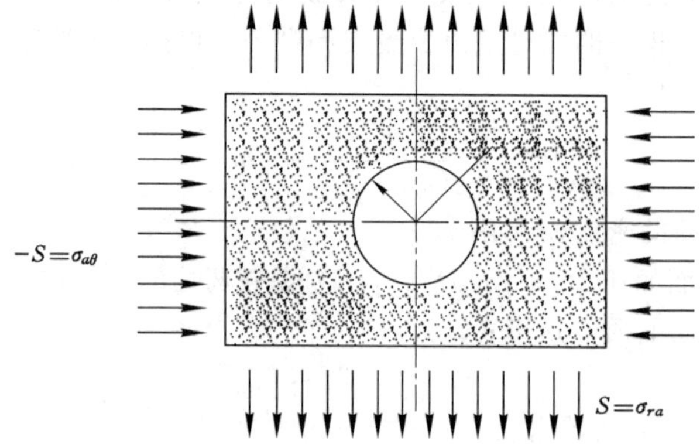

图 6-1　控制孔受爆炸应力影响的应力状态

在图 6-1 中：

$$\sigma_{ra} = -a^2 p_c / L^2 \tag{6-2}$$

$$\sigma_{a\theta} = a^2 p_c / L^2 \tag{6-3}$$

式中 σ_{ra}——径向应力，MPa；

$\sigma_{a\theta}$——切向应力，MPa；

p_c——炮孔爆炸压力，MPa；

a——控制孔半径，m；

L——孔间距，m。

控制孔附近的切向应力为：

$$\sigma_{a\theta} = S(1 + 3a^4/r^4)\cos(2\theta) \tag{6-4}$$

式中 θ——极坐标系中用来描述位置的方位角，(°)；

r——径向距离，mm；

S——爆炸应力，MPa。

6.2.1.4 爆生气体作用及贯通裂隙形成条件

在应力波过后，爆生气体产生准静态应力场，并楔入空腔壁上已张开的裂隙中，在裂隙尖端产生应力集中，使裂隙进一步扩展。在裂隙扩展过程中，爆生气体首先进入张开宽度大、较平直、对气体楔入阻力小的大裂隙中，然后再进入与之沟通的小裂隙中，直到爆生气体压力降到不足以使裂隙继续扩展为止。爆生气体在煤体内产生的准静态应力可认为随距炮孔中心距离的增加而衰减，在煤体内存在爆生气体应力梯度。因而，爆破裂隙始终是向着远离炮孔方向发展。在爆破孔轴向方向，若存在压力梯度，裂隙也会沿着轴向扩展。总之，裂隙在爆生气体压力驱动下，始终朝着压力(或应力)低的方向扩展。为简化分析，首先分析炮孔周围裂隙的扩展情况。假设煤体为线弹性体，孔壁承受准静态压力作用，故可用线弹性断裂力学进行描述，其断裂力学模型如图 6-2 所示。

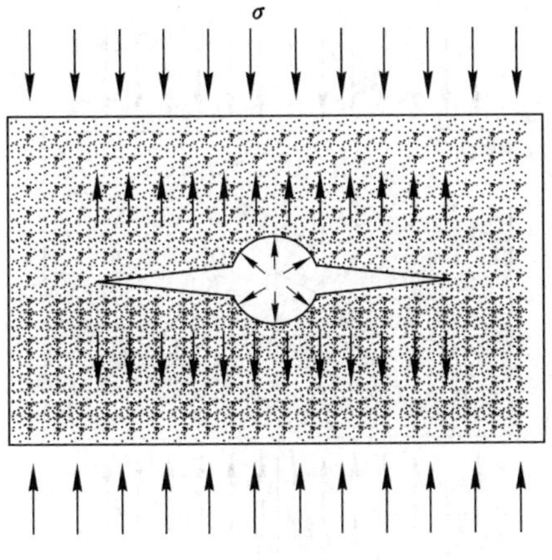

图 6-2 裂隙扩展断裂力学模型

由线性断裂力学可知，在孔内压力作用下裂隙尖端的应力强度因子为：

$$K_r = \sqrt{\pi L}\left[(1 - 2/\pi)p_m - \sigma\right] \tag{6-5}$$

式中 L——裂隙扩展瞬间长度，m；

p_m——孔壁压力，MPa；

σ——地应力，MPa。

由上式可以看出，随着地应力 σ 的增大，应力强度因子 K_r 呈现线性下降趋势。在距爆破孔中心较远的位置，爆生气体准静态压力已大大降低，同样 K_r 也大大减小，当 K_r 衰减到一定值时，爆破裂隙将停止扩展。

裂隙失稳扩展条件为：

$$K_r \geqslant K_{rd} \tag{6-6}$$

式中　K_{rd}——动态断裂韧性，$N/m^{3/2}$。

岩石的动态断裂韧性可由其静态断裂韧性求得，即

$$K_{rd} = 1.6K_{rc} \tag{6-7}$$

式中　K_{rc}——静态断裂韧性，$N/m^{3/2}$。

综合上述分析可得出孔间形成贯通裂隙的条件是：

$$L \geqslant \frac{0.815K_{rc}^2}{[(1-2/\pi)p_m - \sigma]^2} \tag{6-8}$$

所以，爆破孔与控制孔间距(L_k)应满足下列条件：

$$L_k \leqslant L \tag{6-9}$$

6.2.1.5　煤层瓦斯压力对裂隙扩展作用

深孔预裂爆破是在煤与瓦斯固流耦合介质中进行的，瓦斯压力在裂隙的产生与扩展的整个过程中都起到重要作用。在爆破中区的瓦斯也参与了裂隙扩展，但是与爆生气体压力相比，其作用较小。在爆破远区，爆生气体准静态应力已明显降低，径向裂隙扩展已减缓或停止，此时，爆前处于力学平衡状态条件下的原生裂隙中的瓦斯，由于爆炸应力声场的扰动将作用于已产生的裂隙内，使裂隙进一步扩展。瓦斯压力驱动裂隙扩展的断裂力学模型如图 6-3 所示。

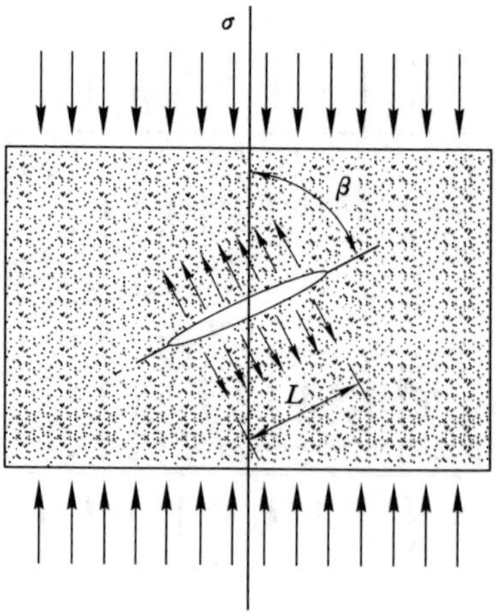

图 6-3　瓦斯压力驱动裂隙扩展断裂力学模型

裂隙尖端的应力强度因子为：

$$K_r = \sqrt{\pi L}\,(p_g \sin\beta - \sigma)\sin\beta \tag{6-10}$$

式中　p_g——瓦斯压力；

σ——围岩应力与爆生气体准静态应力的合力；

L——裂隙长度；

β——裂隙面与垂直方向夹角。

分析式(6-10)可以看出，裂隙尖端的应力强度因子 K_r 随着裂隙面与垂直方向夹角 β 的增大而增大，当 $\beta=90°$时，即裂隙面与围岩应力垂直时，裂隙尖端的应力强度因子 K_r 值最大。

由于煤体内瓦斯压力通常情况下比地应力小，因此，式(6-10)在一般情况下很少存在，即原生裂隙不会失稳扩展。但是，在煤体受到爆炸载荷作用时，在爆破孔孔径方向将会产生压应力，切向方向产生拉应力，其与围岩应力合成的结果即裂隙尖端应力 σ 小于围岩原始应力，当 σ 小于某一数值时，裂隙面与围岩应力方向垂直的裂隙应会失稳扩展。随着 σ 的减小，与围岩应力方向成一定角度的裂隙也将扩展。最后，在正常的径向裂隙区以外，又增加一个次生裂隙区，在该区内靠近正常裂隙区的裂隙扩展的结果是与径向裂隙连通，而远处的裂隙仅能扩展微小长度。σ 一般不会降得很低，因此次生裂隙区范围有限，但由于瓦斯的作用，煤体中爆破裂隙圈相应增大。

煤体中瓦斯对爆破裂隙的影响主要表现在降低围岩应力上。当考虑到瓦斯压力的作用时，应当用有效应力代替，从而得到：

$$K_r=\sqrt{\pi L}\left[(1-2/\pi)p_m-\sigma+ap_g\right] \tag{6-11}$$

从式(6-11)可知，随着瓦斯压力 p_g 的增大，K_r 值增大，因而有利于裂隙的扩展。

6.2.2　深孔预裂爆破裂隙区的形成过程

通过以上理论分析可以看出裂隙区的形成过程主要分为：炸药在煤体内爆破孔内爆破后，将产生应力波和爆生气体，在爆破近区产生压缩粉碎区，形成爆炸空腔，煤体固体骨架发生变形破坏，在爆炸空腔壁上产生长度约为炮孔半径数倍的初始裂隙(不同于原生裂隙)。此外，空腔壁上部分原生裂隙将会扩展、张开。在爆炸中区，应力波过后，爆生气体产生准静态应力场，并楔入空腔壁上已张开的裂隙中，与煤层中的高压瓦斯气体共同作用于裂隙面上，在裂隙尖端产生应力集中，使裂隙进一步扩展，进而在爆破孔周围形成径向“之”字形交叉裂隙网。在爆破远区，由于控制孔的作用，形成反射拉伸波和径向裂隙尖端处的应力场相互叠加，促使径向裂隙和环向裂隙进一步扩展，大大增加裂隙区的范围。同时，原生裂隙中的瓦斯，由于爆炸应力场的扰动将作用于已产生的裂隙内，使裂隙进一步扩展。之后，在爆破孔的周围形成包括压缩粉碎圈、径向裂隙和环向裂隙交错的裂隙圈及次生裂隙圈在内的较大的连通裂隙网，即形成压碎圈、裂隙圈和震动圈，如图 6-4 所示。在压碎圈内，煤岩被强烈粉碎并产生较大的塑性变形，形成一系列与径向方向成 45°的滑移面；在裂隙圈内，煤岩本身结构没有发生变化，但形成辐射状的径向裂隙，有时在径向裂隙之间还形成环状的切向裂隙；震动圈内煤岩没有发生任何破坏，只发生震动，其强度随距爆破中心的距离增大而逐渐减弱，以至完全消失。

6.2.2.1　压碎圈的生成及范围

装药爆炸时，在煤岩体上产生的冲击载荷超过煤岩冲击变形曲线上的临界应力后，就会在煤岩体内激起冲击波。在冲击波的作用下，煤岩结构遭到严重破坏，并粉碎成微细粒子，从而形成压碎圈。虽然压碎圈半径不大，但由于煤岩遭到强烈粉碎，所以消耗能量很大。如图 6-4 所示为爆破孔周围煤体裂隙发生扩展示意图。

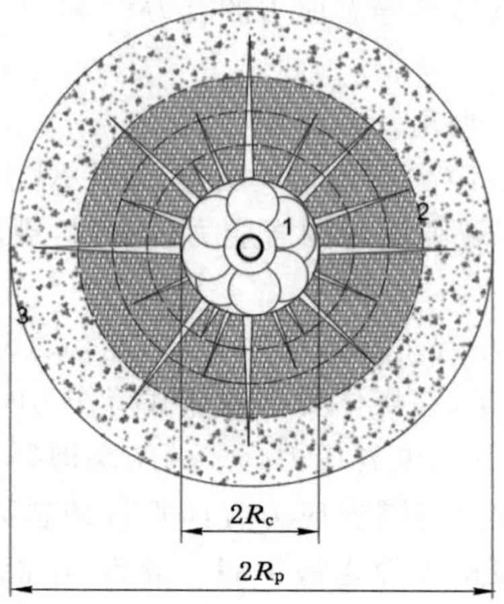

R_c—压碎圈半径;R_p—震动圈半径;1—压碎圈;2—裂隙圈;3—震动圈。

图 6-4 爆破孔周围煤体裂隙发生扩展示意图

爆炸冲击波在煤体内很快衰减,其峰值压力随距离的变化规律可表示为:

$$p(r)=p_2/\bar{r}^3 \tag{6-12}$$

$$\bar{r}=r/r_b \tag{6-13}$$

式中 $\bar{r}$——对比距离;

r——距装药中心的距离半径;

r_b——压碎区半径;

p_2——初始冲击压力,其值因装药结构而变化。

对于耦合装药:

$$p_2=2p_1/(1+\rho_0 v_0/\rho_m c_p) \tag{6-14}$$

$$p_1=\rho_0 v_0^2/4 \tag{6-15}$$

对于不耦合装药:

$$p_2=\frac{1}{8}\rho_0 v_0^2 (d_c/d_b)^6 n \tag{6-16}$$

式中 p_1——爆炸压力;

ρ_0——炸药密度;

v_0——炸药爆速;

ρ_m——煤岩密度;

c_p——纵波波速;

d_c——药卷直径;

d_b——爆破孔直径;

n——常数,一般取 10。

冲击波到达压缩区边缘时,衰减为应力波,即波速衰变成 c_p,根据动量守恒求得边缘处压力峰值为:

$$p_m=\rho_m c_p u_r \tag{6-17}$$

式中 u_r——边缘处煤岩质点位移速度。

由煤岩冲击波速度和煤岩质点移动速度的关系可求得边缘处煤岩质点位移速度为：

$$u_r=(c_p-a)/b \tag{6-18}$$

式中 a,b——实验确定的常数。

联立式(6-12)～式(6-18)，可求得压碎区范围为：

$$R_0=r_b\{bp_2/\rho_m c_p^2(c_p-a)\}^{1/3} \tag{6-19}$$

6.2.2.2 裂隙圈的形成及范围

当冲击波衰减为压缩应力波或煤岩直接受到它的作用时，径向方向产生压应力和压缩变形，而切向方向将产生拉应力和拉伸变形。由于煤岩的抗拉能力很差，故当拉伸应变超过破坏应变时，就会在径向方向产生裂隙。炮孔周围的压缩区相当于扩大了炮孔直径，则压缩区应力波峰值随传播距离 r 的变化关系为：

$$\sigma_{max}=p_m(R_0/r)^a \tag{6-20}$$

$$a=2-\nu(1-\nu) \tag{6-21}$$

式中 a——应力波衰减指数；

ν——煤岩的泊松比；

p_m——孔壁压力。

根据泊松效应，裂隙区的切向拉应力峰值可表示为：

$$\sigma_{max}=p_m[\nu/(1-\nu)](R_0/r)^a \tag{6-22}$$

以煤岩的抗拉强度 S_t 取代式中的 σ_{max}，即可求得周边爆破后在围岩中引起的径向裂隙的扩展范围，即

$$R_1=R_0\left(\frac{\nu}{1-\nu}\cdot\frac{p_m}{S_t}\right)^{1/a} \tag{6-23}$$

因此，爆破引起的围岩松动范围的大小为：

$$L=R_1-r_b \tag{6-24}$$

通过以上理论推导可知：煤岩松动范围 L 不仅与炸药性质有关，而且也与煤岩性质和装药结构有关。所以，围岩松动范围 L 综合反映了煤岩、炸药与装药结构等因素共同作用的结果。

6.2.3 深孔控制预裂爆破增透技术关键点

6.2.3.1 爆破孔与控制孔间距的选择

在煤层条件一定时，随着孔间距的增大，透气性系数迅速降低，当孔间距达到一定值时，透气性已接近原始煤体；反之，当孔间距减小时，透气性系数迅速上升，但孔间距越小，工程量越大，成本越高。因此，应在保证良好的预裂效果的同时，尽可能加大孔间距。

6.2.3.2 爆破孔封孔长度的选择

爆破孔封孔长度是一个非常关键的参数，不仅要求能保证爆破后炮泥不被抛出，爆破效果好，而且要求要合理，以保护巷道帮煤体不被破坏，满足爆破后的抽采要求。

深孔控制预裂爆破增透技术的适用条件为：工作面长度为 100～150 m，在煤层中打深 30～70 m 的钻孔，成孔率应大于 80%。当爆破孔孔径为 75 mm，控制孔孔径为 90 mm，连续耦合装药时，爆破贯通裂隙长度可达 8 m 左右，所以合理的孔间距应为 5～8 m。钻孔长度应根据工作面长度及是否进、回风巷均布孔的方式确定。爆破孔封孔长度为 10～12 m，

控制孔封孔长度为 1 m，一次起爆孔数为 2～3 个。

6.2.4 深孔预裂爆破增透技术的应用

该项技术在焦作、淮南等矿进行过试验应用，已经形成了较完善的打钻装药、封孔爆破工艺装备。在淮南矿区进行的预裂控制爆破抽采瓦斯试验表明：深孔预裂控制爆破后，煤层透气性系数比非预裂爆破区平均提高 1.45 倍；瓦斯抽采量方面，在 6 个月的抽采期内，瓦斯抽采总量可提高 1.5 倍，在第一个月可提高 3.3 倍；在 5 个月内，开采层瓦斯抽采率可达 30.7%，而在未预裂爆破区，6 个月的瓦斯抽采率仅为 21.6%。

6.3 CO_2 强化增透技术

6.3.1 CO_2 泡沫压裂

CO_2 泡沫压裂技术始于 20 世纪 70 年代的美国，1982 年开始比较快速地发展起来。由于具有对储层伤害小、返排能力强、滤失小、压裂液效率高、黏度高、携砂能力强等特点，CO_2 泡沫压裂技术在油气田中，特别是低压、水敏性储层中得到了应用，20 世纪 90 年代成功地应用到了煤层气的储层改造。我国从 1999 年开展 CO_2 泡沫压裂研究，但国内尚无试验先例。事实上，我国的煤层气储层多为低压低渗储层，且含有一定的黏土矿物，从 CO_2 泡沫压裂技术的特点来看，该项技术应比较适宜于煤层气储层。但由于 CO_2 的相态变化特征，决定了 CO_2 泡沫压裂技术在煤层气井中的应用具有一定的局限性，选用 CO_2 泡沫压裂的煤层温度应在 40 ℃以上，并应尽量降低成本。

CO_2 泡沫压裂是以 CO_2 泡沫压裂液为主体命名的。CO_2 泡沫压裂液是由液态 CO_2、水冻胶和各种化学添加剂组成的液-液两相混合体系，在向井下注入过程中，随温度的升高，达到 31 ℃临界温度以后，液态 CO_2 开始气化，形成以 CO_2 为内相、含高分子聚合物的水基压裂液为外相的气-液两相分散体系。由于泡沫两相体系的出现，使流体黏度显著增加；同时，通过起泡剂和高分子聚合物的作用，泡沫流体的稳定性显著提高；由于泡沫结构的存在，形成了低滤失、低密度和易返排的压裂液特性。因此，CO_2 泡沫压裂液流体具备了压裂液的必要条件，并拥有常规水基压裂液不能相比的多种优势。

6.3.1.1 相态变化和增能原理

CO_2 压裂液是由液态 CO_2、原胶液和各种化学添加剂组成的混合液，压裂时 CO_2 在高压下压入地层，储存能量，在关井过程中温度逐渐升高，达到 31 ℃后 CO_2 开始气化。物质随温度和压力变化的相态变化见图 6-5。

当开井放喷时，在地层裂缝或孔中的泡沫因压力下降，气泡迅速膨胀，产生很大的附加能量，驱使进入地层裂缝及孔隙中的液体迅速返排。由于是靠 CO_2 增能作用，而不是靠消耗地层能量返排，减缓了地层压力的降落。井筒 CO_2 泡沫流体的静水压头低，一般泡沫柱的压头仅为水基液压头的 30%～50%，大大减少了返排时的能量消耗。

实施 CO_2 泡沫压裂后，不但返排时间短，而且返排率较高，很大程度上降低了由于压裂液进入储层形成水锁作用而对储层造成的伤害。

6.3.1.2 CO_2 泡沫压裂液

CO_2 泡沫压裂液与常规水基压裂液存在的最大差异是其交联环境的不同。常规水基压裂液是在碱性下交联、酸性下破胶，而 CO_2 泡沫压裂液要求在酸性下交联。国外在

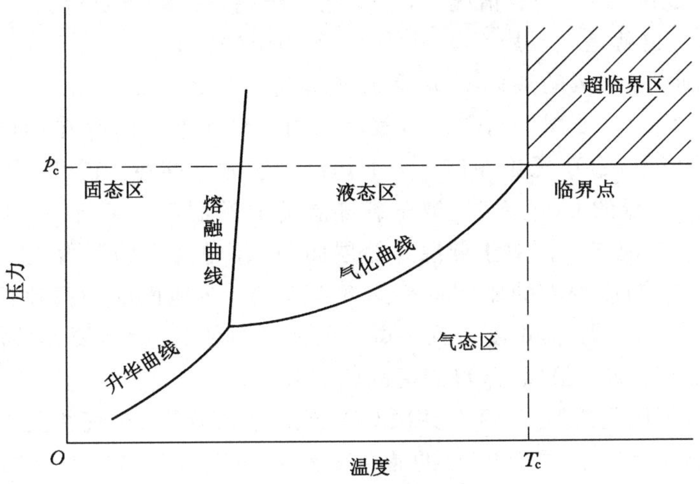

图 6-5 物质相态变化图

使用 CO_2 泡沫压裂液时，稠化剂为羧甲基羟丙基胍胶，其结构决定在酸性条件下能形成良好的冻胶。国内没有此种产品，在使用羟丙基胍胶的同时，开发研制了酸性交联剂，其交联冻胶性能良好。图 6-6 为 AC-8 酸性交联 CO_2 泡沫压裂液（0.7%羟丙基胍胶，52%泡沫质量，85 ℃，交联比 100∶1.5，破胶剂过硫酸铵）的流变性。

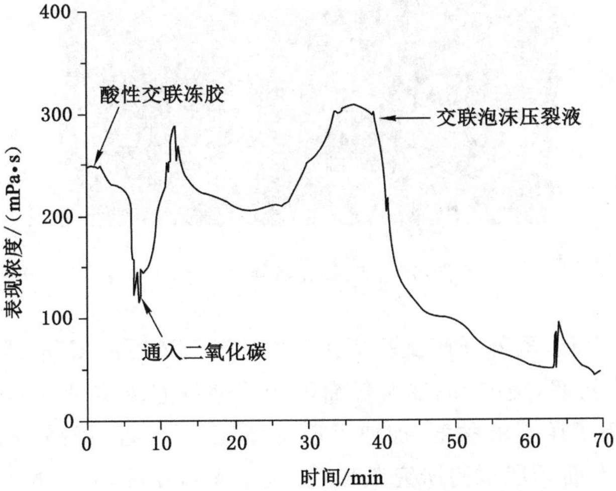

图 6-6 AC-8 酸性交联 CO_2 泡沫压裂液的流变性

性能测试结果显示 CO_2 泡沫压裂液具有很好的操作性和实用性，对于温度较低的煤储层，应结合储层的物性确定适应煤储层特性及压裂工艺要求的压裂液配方。

6.3.1.3 CO_2 泡沫压裂技术在煤储层压裂中的适应性分析

CO_2 泡沫压裂技术的关键是 CO_2 泡沫质量，即在一定温度和压力下，气态 CO_2 占总泡沫压裂液的比例。按 CO_2 泡沫质量大小，CO_2 泡沫压裂液分为伴注泡沫液（泡沫质量小于30%，液体为连续相）、增能泡沫液（泡沫质量为 30%～65%）和泡沫压裂液（泡沫质量为

65%以上,泡沫呈连续相)。一般情况下,CO_2 泡沫压裂特指泡沫质量为 65%~90%。泡沫质量达到 100%时,也就是全部用 CO_2 压裂时,称为干法压裂。

干法压裂是利用 100%的液体 CO_2 和石英砂进行压裂,无水,无任何添加剂。在 CO_2 的三相点(-56.6 ℃,0.531 MPa),CO_2 以气、液、固 3 种相态同时存在;而在 CO_2 气态临界温度点(31.04 ℃)以上,CO_2 无论在何压力下均以气态方式存在。因此,为确保 CO_2 泡沫压裂作业能够形成高质量的 CO_2 泡沫,被压裂煤层的原始温度应高于 40 ℃,以保证使液态 CO_2 变成气态和形成泡沫。而对于低温煤储层而言,针对其原始压力,要想实施 CO_2 泡沫压裂,地面泵注 CO_2 与压裂液的比例将高达 50%以上,在地面如此高比例地注入 CO_2,并对 CO_2 进行加热使其气化,其难度可见一斑。即使加热使其气化,要在井筒形成 CO_2 泡沫压裂液,井筒静压将增加 1 倍以上,势必提高施工泵压。

1999 年至今,国内共进行了 30 余井次 CO_2 泡沫压裂作业,在气井上取得了现场试验的成功和良好的增产效果。为便于 CO_2 的储存和运输,通常采用特制的可加压设备,以高压、低温(一般为 2 MPa、-18 ℃)条件下的液态 CO_2 由气源地运到压裂现场,在压裂施工过程中再通过气化发泡技术形成高质量的 CO_2 泡沫来实施压裂作业。CO_2 泡沫压裂通常采用增压泵车,如图 6-7 所示。

图 6-7　二氧化碳增压泵车

自 20 世纪 50 年代起,国外开始试验应用 5%~30%浓度的 CO_2 伴注压裂,取得了良好的返排效果。80 年代初期,美国、加拿大各油田开始进行泡沫质量为 65%~80%的 CO_2 泡沫压裂试验研究,提高了压裂液黏度,加快了返排,降低了伤害,提高了压裂改造效果。近年来,在 CO_2 干法压裂方面开展试验研究工作,实现了无水压裂,在水敏性地层改造中取得了显著增产效果,到目前为止,有 50 多个油田进行了 CO_2 干法压裂,一些井的产量增加了近 10 倍。CO_2 伴注、CO_2 泡沫压裂和 CO_2 干法压裂技术和设备等方面已趋成熟,并形成了配套装备与工艺技术系列。

6.3.2　CO_2 爆破增透技术

CO_2 在煤层内爆破后,会在煤层周围形成爆炸腔、压碎区、破裂区和震动区,煤岩体发生屈服变形,产生粉碎性破坏或形成松动裂隙,使集中应力向煤体深部转移,压碎区和破裂区称为卸压区。

气相爆破增透技术为煤矿深部煤巷防突增透提供了一种新的技术途径。液态 CO_2 相变致裂技术是一种理念先进、绿色环保、爆破效果显著的非物理爆破技术。20 世纪 60 年代初，英国、法国、苏联、波兰、挪威等国家先后开发试验，希望通过介质的物理变化来产生高压气体，近年来逐渐发展成一种新型的煤层预裂增透技术，即利用液体 CO_2 遇热气化膨胀的特性，产生类爆破效果，达到致裂、增透、卸压的目的，目前已在我国山西、河南、江西、贵州等突出矿井作为增透措施进行了考察和应用，取得了显著的效果，并实现了 CO_2 预裂增透设备的国产化。

6.3.2.1　基本原理

CO_2 预裂增透技术原理是通过对液态 CO_2 进行加热而使其转化为气态，体积瞬间膨胀 500～600 倍，产生强大的冲击力，使煤层产生松动，从而产生和爆炸一样的致裂效果。由于 CO_2 不自燃，致裂过程中不产生明火，施工安全系数高；且 CO_2 具有比 CH_4 更强的吸附能力，可以置换出吸附在煤层上的 CH_4 分子，大幅度提高瓦斯的抽采量。相比炸药爆破工艺，其安全性、可靠性、高效性和环保性都有提升，主要表现在：

(1) CO_2 相变是一种气体的体积膨胀，且是在低温状态，在预裂全过程中不产生火花，不会引发瓦斯和煤尘爆炸事故，且对瓦斯具有稀释作用。

(2) CO_2 预裂作用原理属物理预裂，粉尘小，不产生 CO、NO_2 等有害气体。

(3) CO_2 预裂器储存、运输、使用、回收都比较安全、方便、易操作，与民爆产品相比更易于安全管理，无须专门爆破员。

(4) 抛煤距离短，一般不超过 5 m，安全警戒距离短，预裂时间短，相对增加了有效作业时间。

(5) 预裂无破坏性震荡和冲击波，对巷道支护不会产生破坏。

煤层预裂前，用高压泵预先将液态 CO_2 注入预裂杆中，工作面预裂孔施工完毕后，将预裂杆逐节插入预裂孔内，并连接预裂杆与低压起爆器之间的接线。起爆后，活化器内的低压保险丝引发快速反应，产生巨大的热量，使管内的液态 CO_2 迅速气化(整个过程在 40 ms 内完成)，体积瞬间膨胀达 500～600 倍，管内压力最高可剧增至 270 MPa。待预裂杆内气态二氧化碳压力达到预设压力时，释放头内的爆裂盘被打开，CO_2 气体透过径向孔迅速向外爆发，利用瞬间产生的强大膨胀压力，CO_2 气沿自然或被引发的裂面裂开煤层，并由近向远向前延伸，从而达到预裂效果。

6.3.2.2　预裂杆主要技术指标

预裂钻孔孔径为 94 mm，预裂杆主体直径为 52 mm，长 2 000 mm。预裂杆一端设有充放气阀门，一端安设与发爆器连接的接线头。高压管内装化学电极加热元件，其电极与发爆器接线头连接。高压管另一端设有径向排放孔。起爆后，高压 CO_2 气体冲击波往侧向爆发，对煤体造成裂隙，增加煤层透气性(在预裂较松软的煤层时，高压管可装上预裂孔孔口固定套。固定套的固定机构随预裂启动，防止高压管自预裂孔中射出)。高压管管体以特种钢材制成，换上新的活化器、破裂盘，充入液态 CO_2 便可重复使用。

CO_2 预裂杆技术参数(每根)：

(1) 液态 CO_2 质量：1.3～1.4 kg。

(2) 气态 CO_2 释放体积：150～600 L。

(3) 反应时间：约 40 ms。

(4) 预裂压力：150～270 MPa。

6.3.2.3 CO_2 预裂增透技术工艺

（1）将两根预裂杆连接好，并在每根预裂杆上用接头将线连接好，每根连接线都应测量电阻，保证有效。

（2）将连接好的钻杆逐根送入钻孔，推进钻杆眼底（每根钻杆长 2 m）。

（3）预裂钻杆推进后，将封孔器紧跟预裂钻杆送入钻孔，封孔器置于煤层底板处位置。

（4）在注水箱内放入清水，将压力杆插入注水箱，手动将水注入封孔器，同时要密切注视压力表，当表压达到 5～6 MPa，并保证封孔牢固后停止注水。

（5）一切准备就绪后，再次测试连接线，保证连接有效后方可准备爆破。

（6）爆破严格执行“一炮三检”制度和“三人连锁爆破”制度。

（7）预裂前将工作面及联络巷所有作业人员全部撤离，人员撤离至系统风的进风流侧，且距作业地点不小于 300 m。

（8）预裂后，将注水箱卸压，将封孔管内水放出。

（9）由外向里逐段取下封孔管，并松开连接头及爆破线，逐根取出预裂钻杆。

6.4 水力压裂强化增透技术

6.4.1 基本原理与施工工艺

水力压裂是一种通过高压水在原岩煤体中实现压裂造缝、煤体卸压，形成瓦斯流动通道，能够有效地增加煤层透气性，提高瓦斯抽采效果的增透措施；其实质是将流体以大于煤岩层滤失速率的排量和破裂压力的压力注入煤岩层中使煤岩破裂形成裂缝，从而增加煤层的渗透率，达到增产的目的。当压入的液体被排出时，压开的裂隙就为煤层瓦斯的流动创造了良好的流动通道条件。

煤矿井下水力压裂工艺方式主要有穿层钻孔压裂与本煤层钻孔压裂 2 种，如图 6-8 所示。压裂方式的选择应充分结合煤矿井下巷道布置情况，简便安全，不损坏管路和设备，不污染井下作业环境，压裂孔口应有承压保护装置，压裂施工参数的选择应符合《防治煤与瓦斯突出细则》的要求。

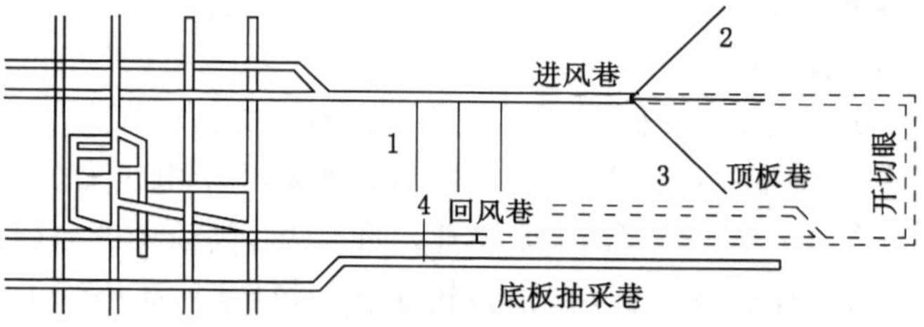

(a) 平面图

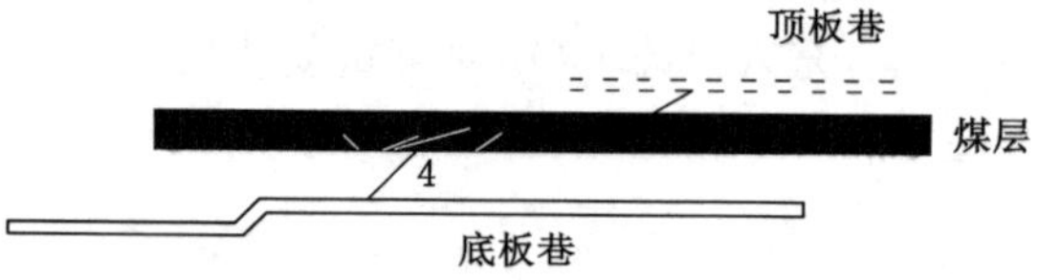

(b) 剖面图

1—回采面顺煤层压裂钻孔；2—掘进工作面顺煤层压裂钻孔；3—顶板巷穿层压裂钻孔；4—底板巷穿层压裂钻孔。

图 6-8 压裂方式示例

矿井应采用多种压裂方式相结合的综合压裂方式。

(1) 当煤体结构相对完整或发育相对完整的分层，能够在煤层中形成完整钻孔时，根据巷道布置情况可以采用巷道内施工顺煤层钻孔 1、2，压裂煤层。

(2) 当煤体结构破坏严重、难以成孔时，可以采用从底板巷(或顶板巷)中施工仰(俯)角穿层钻孔 3 和 4，岩段封孔，压裂煤层。

(3) 当目标区为多煤层发育区，煤体结构破坏严重，煤层间距在 20 m 之内时，可以从底板巷(或顶板巷)内施工仰(俯)角钻孔 3 和 4，对此夹层实施压裂，钻孔仰角不限。

6.4.2 压裂设计

水力压裂参数设计体系主要包括煤层起裂压力、摩阻损失、最小流量、压裂液效率、预计压裂半径、总用液量及设备选型等多个参数计算。

6.4.2.1 泵注压力的确定

在压裂中压裂泵的泵注压力 p_w 可表示为：

$$p_w = p_k - p_H + p_r \tag{6-25}$$

其中，煤层破裂应力为：

$$p_k = 3\sigma_h - \sigma_H + \sigma_t - p_0$$

式中　σ_h——最小主应力，MPa；

σ_H——最大主应力，MPa；

σ_t——抗拉强度，MPa；

p_0——孔隙压力，MPa。

压裂管路液柱压力为：

$$p_H = \Delta H \times \rho \times g \tag{6-26}$$

式中　ΔH——压裂管路高程落差，m；

ρ——压裂液密度，kg/m^3；

g——重力加速度，m/s^2。

压裂液沿程摩阻为：

$$p_r = L \times \lambda \tag{6-27}$$

式中　L——管路长度，m；

λ——摩阻系数，MPa/m。

6.4.2.2 压裂液用量的设计

(1) 前置阶段

对于部分煤层，为了增强压裂效果，可设计添加适当比例表面活性剂、阻燃剂，随同压裂液压入压裂孔。在不添加活性剂与阻燃剂时前置液用量为：

$$V_{前} = \pi(R - r)^2 H\varphi \tag{6-28}$$

式中　$V_{前}$——前置液用量，m^3；

R——预计压裂半径，m；

r——孔眼半径，m；

H——地层厚度，m；

φ——孔隙率，%。

(2) 顶替阶段

当前置液用量达到设计数量时，开始泵入顶替液。应准确计算顶替时间及液量，不得减少或增加顶替液量。顶替液用量计算公式为：

$$V_{替} = V_{外} + KV_{管} \tag{6-29}$$

式中 $V_{替}$——顶替液用量，m^3；

$V_{外}$——孔外管道的容积，m^3；

K——附加量系数，一般值为 1.0～1.5；

$V_{管}$——孔内管柱容积，m^3。

6.4.2.3 封孔工艺

压裂孔封孔质量是保证压裂成功有效的前提条件。岩壁钻孔，宜采用封孔器封孔，封孔器械应满足密封性能好、操作便捷、封孔速度快、可回收的要求。煤层钻孔，宜采用充填材料进行注浆封孔，条件许可时，也可采用封孔器封孔。封孔材料可选择新型膨胀材料等，不宜选用水泥砂浆或其他不符合封孔质量要求的材料。其具体要求如下：

(1) 孔口段围岩条件好、构造简单、施工压力中等时，封孔长度可取 10～20 m 或全岩段长度。

(2) 孔口段围岩裂隙较发育或施工压力高时，封孔长度可取全岩段长度，封孔深度以过煤层为宜。

(3) 在煤壁开孔的钻孔，封孔深度可取 15～60 m，封孔段长度与钻孔深度相同。

6.4.2.4 BYW450/70 型压裂泵组

针对煤矿井下水力压裂的工艺特点，国内多家厂家开发了水力压裂配套泵组，根据其特点主要分为变流量压裂泵组与定流量压裂泵组。其中中煤科工集团重庆研究院有限公司研制开发的 BYW450/70 型压裂泵组为国内最高压力压裂泵组，最高压力达到 70 MPa。该装备由泵注系统、管汇系统及监控与安全保障系统组成，相对同类产品，其流量、压力大，且调节范围广，体积相对小，具备压风自适应换挡、独立润滑与自流式温控等子系统，满足长时间连续作业等特点，适用于水力压裂、水力割缝及水力扩孔等工艺需要。其技术参数见表 6-1，成套装备如图 6-9 所示。

表 6-1 BYW450/70 型压裂泵组成套装备技术参数表

功率	400 kW			
动力转换	液力变矩器			
泵撬外形尺寸	3 450 mm×1 520 mm×1 800 mm（两台底盘可旋转平板车）			
泵进口接口	ϕ100 mm 由壬接头			
泵出口接口	ϕ50 mm 由壬接头			
曲轴材质	高强度合金钢 42CrMo			
曲轴寿命	5 年			
冷却方式	外置分离式机油冷却器			
压力范围/MPa	0～40	0～60	0～70	0～90
理论流量/(m^3/h)	27.3	18.4	13.8	9.2

BYW450/70 型压裂泵组成套装备具有如下优点：

图 6-9 BYW450/70 型压裂泵组成套装备

(1) 温控系统：分离式减速机，温度系统分离，散热性好；外置辅助水冷系统，进一步降低传动系统及泵的温度；泵体活塞杆水冷系统，保证高速运行状态的稳定。

(2) 控制系统：近控与远控结合，可实现井上下联合监控；压风自动换挡系统，根据泵组出口压力自动换挡，简单、安全、可靠；可实现泵组运行状态的远程监测与异常状态诊断。

(3) 结构优化：结构紧凑，相比同类产品缩短 1/3，两台平板车可运输；万向轴连接，解决了巷道底板不平整的安全难题；旋转底盘、过桥底座及便携式轨吊，便于设备运输与安装。

6.5 水力割缝强化增透技术

由于受煤层地质条件的限制，水力压裂法压开煤层裂缝的位置、方向及型式(水平或垂直)往往无法人为控制，压裂裂缝总是沿着地层最薄弱的部位伸展，因此不可能很好地达到设计要求，抽采瓦斯效果也受到影响。为了在煤层内形成可以控制的缝隙，开展了钻孔水射流切割煤体，即水力割缝提高开采层瓦斯抽采量的试验。

6.5.1 水力割缝法抽瓦斯原理

水力割缝法提高瓦斯抽采量的基本原理是：在钻孔内运用高压水射流对钻孔两侧的煤体进行切割，在钻孔两侧形成一条具有一定深度的扁平缝槽，利用水流将切割下来的煤块带出孔外，由于增加了煤体暴露面积，且扁平缝槽相当于局部范围内开采了一层极薄的保护层，因而使得钻孔附近煤体得到了局部卸压，改善了瓦斯流动条件。水力割缝法也是一种以水做动力的水力化卸压措施。

水力割缝法抽瓦斯的效果，取决于水射流切割煤体的效率。鹤壁四矿、二矿及湖南红卫煤矿对水射流特性参数及切割效果进行了考察。

6.5.1.1 水射流的最佳工作距离

当工作压力 p_w 为 10～30 MPa 时，直径 d_0 为 3 mm 的喷嘴，其射流等速核的长度 l_0 大致为 100 mm，即 $l_0=33d_0$。国外的研究试验工作表明，工作压力在 50 MPa 以内时，有些喷嘴的射流等速核长度可达 $90d_0$，这显然与喷嘴的设计尺寸、加工质量有关。鹤壁及红卫煤矿的试验结果还表明，当射流段长度大于 $100d_0$ 时，水射流将发生严重的扩散作用，大大影响切割效果，因此可以认为，喷嘴射流的最佳距离小于 $100d_0$。由于煤的坚固性系数不同，水射流切割煤体的实际效果与工作压力(水压)有关，因而水射流的最佳工作距离需要通过试验分别确定。

6.5.1.2 水射流切割煤体的实际效果

鹤壁四矿、二矿煤层水力割缝试验结果表明：当煤的坚固性系数 f 为 0.7，水压大于 8 MPa 时，可在钻孔一侧形成深 0.8 m、高 0.2 m 的缝槽；当 f 为 1.1 时，水压要大于 10 MPa 才能形成缝槽，但缝的深度减小为 0.4 m。红卫煤矿试验得出的结果见表 6-2。

表 6-2 水射流对煤层的切割深度（$f=0.4$）

喷嘴直径/mm	射流工作压力/MPa	割缝深度/mm	割缝高度/mm	备注
2	17.0	330	11～16	在工作面帮壁试验
2	60.0	1 230	28～36	在工作面帮壁试验
3	17.0	535	30	在工作面帮壁试验
3	35.0	1 135	30～40	在工作面帮壁试验
4	31.0	1 540	50～85	在工作面帮壁试验
4	60.0	1 770	85	在工作面帮壁试验
3	41.0	700	未测	在钻孔深部切割试验
3	33.0	800	未测	在钻孔深部切割试验
3	36.0	500	未测	在钻孔深部切割试验
4	36.0	1 100	未测	在钻孔深部切割试验
4	40.0	700	未测	在钻孔深部切割试验
4	36.0	1 000	未测	在钻孔深部切割试验
4	40.0	1 000	未测	在钻孔深部切割试验

6.5.1.3 水力割缝设备选型

形成高压水射流所需的设备是高压泵及与其配套的高压管线；关键装置是割缝喷嘴。考虑到井下的使用条件，在鹤壁四矿选用的是与水采相结合的高压泵及管线，因此压力高、水量大。在鹤壁二矿选用的水射流工作压力为 15～18 MPa；按照这一工作压力，对于直径为 4 mm 的喷嘴，其所需水量可按下式计算：

$$Q_w = 11.8 d_0^2 \sqrt{p_w} \tag{6-30}$$

式中 Q_w——一个喷嘴所需水量，m^3/h；

d_0——喷嘴直径，cm；

p_w——喷嘴工作压力，MPa。

当工作压力分别为 15 MPa 及 18 MPa 时，一个喷嘴的耗水量分别为 7.3 m^3/h 及 8.0 m^3/h。

当用 2 个喷嘴工作，即钻孔内一边一个喷嘴进行割缝时，考虑到管线阻力损失等因素后，选用额定压力为 20 MPa 的高压水泵，其流量为 17 m^3/h，则所需配备的电机功率为：

$$W = \frac{p_w \times Q_w \times 1\ 000}{612 \times 60 \times 0.8} = 11.6\ (\mathrm{kW})$$

由此可知，水力割缝所需的功率是较大的，但与水力压裂相比仍然要小得多。综上所述，可以认为，选用直径为 3 mm 及 4 mm 的喷嘴作为割煤装置是可行的。当煤的坚固性系数 f 为 0.7～1.1，射流工作压力为 15～18 MPa 时，钻孔两侧的割缝深度都已超过 0.5 m。

由于在钻孔内进行水力割缝，所以喷嘴的几何尺寸受孔径限制，因此不能按标准喷嘴设计进行加工。此外，在钻孔中切割煤体时，水射流在急弯喷嘴、淹没射流的条件下进行工作，因此水射流效果受到较大影响。

6.5.2 钻孔水力割缝工艺

在鹤壁六矿、四矿进行钻孔水力割缝抽瓦斯试验时，由于这两个矿均为水采矿井，水射流的动力源利用矿井水采系统的高压水，所以割缝装备及工艺就较简单。先用钻机打直径大于75 mm的煤层钻孔，当钻孔长度达到预计要求时，退出钻杆取下钻头，换上割缝用的射流器，再连接钻杆把射流器送到孔底位置，然后利用钻杆输送高压水，一边退卸钻杆一边完成割缝工艺。由于打钻与割缝不是连续工艺，在钻孔内需要进退、拆接二次钻杆，费时费工，而且在第二次送割缝器时，当钻孔内有堵塞物如钻屑等时，割缝器往往不易送到钻孔终部位置。

在鹤壁二矿非水采矿井进行钻孔水力割缝抽瓦斯时，建立了专用的高压泵站及供水系统，并把不连续的钻割工艺改进为连续钻割工艺，即在打钻开始前，就在钻头的后面安装上割缝射流器，当钻杆前进打钻时，射流器不动作，不产生水射流，进入钻杆的水，通过钻头前端流出，清洗孔内钻屑；当钻孔达到所要求的长度后，在退钻杆时，由于采取了特殊手段，射流器动作，这时进入钻杆的高压水不再从钻头流出，而经射流器的喷嘴形成射流喷出，这样就可以一边退卸钻杆一边进行割缝，打钻与割缝工艺在成孔过程中一次连续完成。

实现连续钻割工艺的关键装置是活塞式射流器，其结构及动作原理如图6-10所示。从图中可知，在打钻时，射流器上的2个割缝喷嘴的进水口，被一个受弹簧推力所支撑、外面有"O"形密封圈的活塞堵住，所以进入钻杆的水不能流进喷嘴，只能从活塞的中心孔通过，经过钻头流出进行正常的打钻工艺；当钻孔达到预定位置，打钻工作结束时，卸开钻杆尾部的活动接头，向钻杆内投入一尼龙球，球在压力水推动下顺钻杆向前滚动，当球到达活塞的锥形口位置时，就把流向钻头的水路堵塞，水压继续增加时，尼龙球就推动活塞压缩弹簧，此时活塞就在射流器内向前滑动将喷嘴位置全部露出，高压水即从喷嘴呈射流喷出。喷嘴通道打开后，可以按照射流参数的要求调整水压、流量，并后退钻杆进行割缝，距孔口10～15 m时应停止割缝，以保证封孔的严密性。

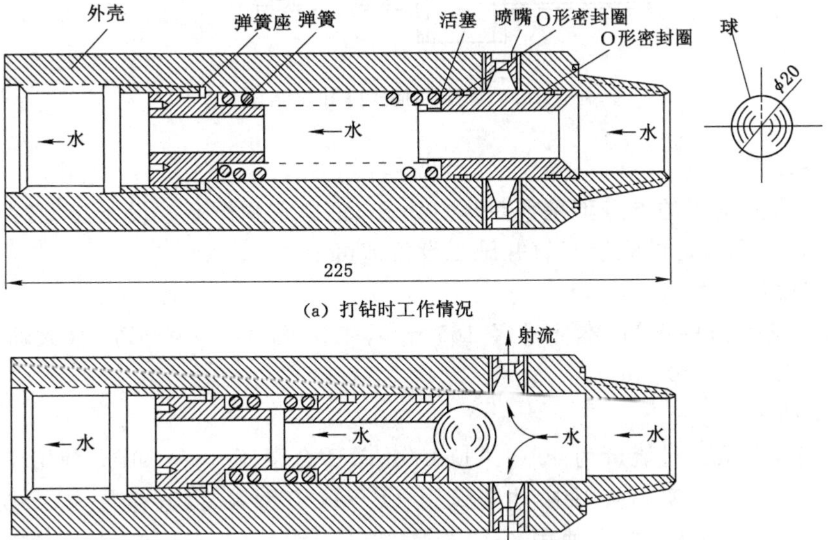

(b) 割缝时工作情况

图6-10 对称喷嘴活塞式射流器

6.6 掏穴扩孔强化增透技术

6.6.1 煤层气掏穴井钻井工艺

掏穴井是一般水平井组中的配套井，煤层气掏穴井主要工艺就是在垂直钻孔的目的煤层段利用机械的方法进行扩孔，使孔内目的煤层段形成的洞穴直径远远大于钻孔直径的钻孔，其井身结构如图 6-11 所示。近年来，随着国内煤层气开发处于高速发展时期，对钻井技术提出越来越高的要求，水平分支井作为一项高新技术已经得到越来越多的应用。而施工煤层气水平分支井必须首先施工掏穴井。它是水平井定向施工中在目的煤层中放置靶点目标仪器的需要，又在实施欠平衡钻进时作为输送空气介质的通道，完井后作为水平分支井组煤层气抽排的通道。

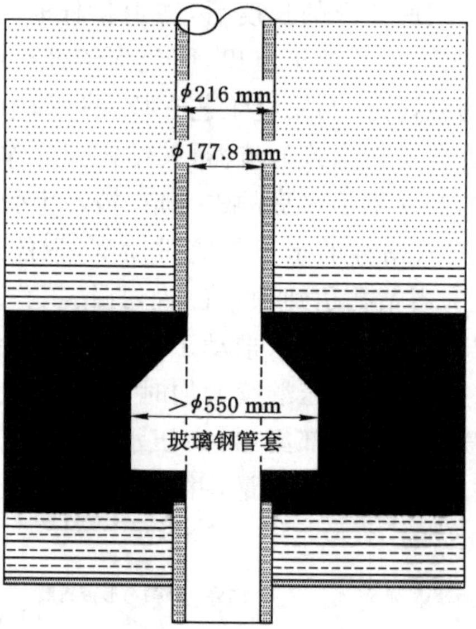

图 6-11　煤层气掏穴井井身结构

6.6.1.1　设备选型

煤层气掏穴井施工的难点不是直井体内钻进，而是完井作业。设备选型时对钻井设备没有特殊要求，采用普通的煤层气直井施工设备即可。

（1）掏穴设备

射流掏穴设备的特点为：本体外径 165 mm，工作压力 3～4 MPa，最大通过流量 8～12 L/s，最大掏穴直径 800 mm。

（2）配套机具

反射流掏穴器最大过流量为 400～600 L/min，适合泵压 3～4 MPa，使用 TBW850/5A 型深层次泵较合适。在实际应用中，也曾试用 TBW1200 型泵，因其排量大、泵压高、流量和作用压力不易控制，不适合配合使用。

因为掏穴井的完井内径是 161.7 mm，而 ϕ127 mm 钻杆的接箍外径是 159 mm，钻具与套管间隙过小，加之煤屑大量被冲落，钻井液较难通过狭小空间，大大增加了泥浆泵的运行负荷。因此，掏穴时使用 ϕ89 mm 或 ϕ73 mm 钻杆。

6.6.1.2 钻井工艺

(1) 钻具组合

① 一开：ϕ311.15 mm 钻头＋ϕ177.8 mm 钻铤＋ϕ158 mm 钻铤＋ϕ127 mm 钻杆＋108 mm 方钻杆。

② 二开：ϕ215.9 mm 钻头＋ϕ177.8 mm 钻铤＋ϕ158 mm 钻铤＋ϕ127 mm 钻杆＋108 mm 方钻杆。

③ 掏穴：500 mm 掏穴工具＋ϕ73 mm 钻杆＋108 mm 方钻杆。

(2) 钻进技术参数

① 一开：钻压 80～120 kN，转速 63～82 r/min，排量 20 L/s。

② 二开：钻压 90～140 kN，转速 63～82 r/min，排量 20 L/s。

③ 掏穴：钻压 10～30 kN，转速 37～54 r/min，排量 8～12 L/s，泵压 4 MPa 左右。

(3) 钻井液

为满足设计要求，钻井液要采用煤层气井施工常用的钻井液。

(4) 掏穴作业顺序

① 使用液压割管刀，从煤层顶板下 300 mm 处由上向下(下行式)铣割煤层部位的玻璃钢套管和套管外围的固井水泥到煤层底板。确认玻璃钢套管和套管外围的固井水泥被破坏掉，孔口有煤粉返出，冲孔后提钻。

② 按确定的煤层位置下入掏穴工具，从煤层底板由下向上(上行式)进行掏穴作业，掏穴直径不小于 500 mm。

(5) 掏穴技术措施

① 掏穴前应将井内的岩屑冲干净，确保井眼畅通。

② 下入液压割管刀或射流掏穴工具前在井口必须做开刀试验，同时记录水泵的压力，记录当打开刀体到下位时的最大压力数值，注意观察工具开合是否灵活，打开后的直径是否符合设计要求。

③ 下钻时要稳、慢，防止刀具碰撞套管或损伤刀刃，一旦遇阻应上提钻具，人工回转钻具后试下放，顺畅后继续下钻，否则起钻通井。

④ 工具下放到掏穴井段后先开车慢速回转并试开泵，逐步向孔内增加流量，观察泥浆泵压力是否达到设计值及开车回转时的扭矩。如果扭矩大则减小泵量，这样可以减小刀体的直径，使回转阻力变小。

⑤ 铣割玻璃钢套管时，先将钻具下到设计位置，然后开车慢速回转，逐步调整好泵量，达到刀体最大值时，可以给压钻进实施铣割作业。

⑥ 用射流掏穴工具掏穴时，应有专门观察、记录各种参数的人员，随时观察泥浆泵压力。开始掏穴时转速要小，不能活动钻具，待大量煤屑上返后根据煤屑上返情况分析掏穴效果。

⑦ 每掏穴 2.54 cm，应放慢进尺或停止进尺，加大排量，待井内煤屑返出后再进行掏穴。

⑧ 在掏穴过程中，根据扭矩变化情况，判断是否遇到煤层夹矸，如遇到煤层夹矸应降低柴油机转速，以减小泵压和泵量，并活动钻具避开煤层夹矸以防损坏掏穴工具。

⑨ 掏穴完成后应进行专门的排屑作业，对排出地面的岩煤屑也要进行收集，以便于计

算掏穴达到的效果。

⑩ 割铣和掏穴过程中不能随意停泵，以免造成煤粉进入工具发生堵塞憋泵现象及埋卡钻具。一般要求完成一个循环没有煤粉后方可关闭水泵。

6.6.2 高低压转换机械扩孔技术

高低压转换机械扩孔技术是针对部分煤矿高突煤层煤体结构较硬、透气性差、瓦斯含量高、瓦斯压力大、瓦斯抽采难度大和高瓦斯灾害危险程度高等特殊条件，提供一种低位巷施工上行钻孔或水平本煤层钻孔钻扩一体化卸压防突的成套装备。

6.6.2.1 装备结构组成

整套装置由BQWL200/31.5-XQ200/12型高压清水泵站、ZDY730OLXY型煤矿用履带式液压钻机、高压密封钻杆总成、变径钻扩装置、KFS-50/11型矿用振动筛式固液分离机组成。

(1) 煤矿用履带式液压钻机

ZDY730OLXY型煤矿用履带式液压钻机的设备特点为：

① 外形宽度小于1 m，体积小，运动灵活，特别适用于煤矿狭窄巷道的钻孔施工作业。

② 坦克炮塔式打钻机构(专利技术)，可实现±180°方位角调整、−90°～+90°仰俯角调整，实现全方位布孔。

③ 主机导轨带有随动角度仪，可简单准确定位施钻仰俯角。

④ 采用联动式液压控制，提高打钻效率。

(2) 高压清水泵站

BQWL200/31.5-XQ200/12型高压清水泵站的设备特点为：

① 结构紧凑、移动方便，效率高、劳动强度低。

② 输出压力高、流量大：输出压力20～26 MPa，流量200 L/min。

③ 水力造穴工艺中的专用设备避免粉尘扬起，保障工人身体健康。

④ 可用作各采掘机械的喷雾防尘和电机水冷的泵站设备，也可用作各类机械的清洗用泵。

(3) 矿用振动筛式固液分离机

KFS-50/11型矿用振动筛式固液分离机的设备特点为：

① 高效分离煤水混合物中的煤水，分离效果好、处理能力强。

② 改善煤矿巷道的工作环境，避免施工现场煤水横流，有利于文明生产。

③ 采用履带行走，对井下巷道的适应性强，移动效率高。

④ 结构合理，坚固耐用，噪声小，便于维护。

(4) 高压密封钻杆总成

高压密封钻孔总成的设备特点为：

① 采用锥面密封耐压钻杆，其密封效果良好。

② 在长距离传输过程中压力损失小，保证深孔作业及水力割煤造穴输出高压水流。

③ 耐压高达35 MPa。

(5) 耐高压动密封旋转接头

耐高压动密封旋转接头的设备特点为：

① 设计采用进口高强度高密封性材料制作，耐高压、耐磨损。

② 在冲孔造穴过程中，保证钻杆高压力旋转状态下，主轴旋转摩擦力小、高线速度、适应能力强、密封性能可靠。

③ 坚固耐用，稳定可靠。

(6) 高低压水射流转换阀

高低压水射流转换阀的设备特点为：

① 设计采用特殊结构，能够自动实现高压、低压水流转换。

② 低压水用来钻孔，高压水喷射形成水刀，用来造穴。

③ 实现钻孔、造穴一体化操作，无须重复进退钻杆。

6.6.2.2 技术原理

机械扩孔工艺与水力造穴的卸压增透原理基本相同，都是通过形成孔洞释放突出煤层中瓦斯积聚的势能，提高煤层透气性，从而实现增透消突的目的。二者不同之处在于：水力造穴是通过高压水射流冲击钻孔内煤体产生孔洞，造穴效果受煤层赋存情况及煤体硬度等因素影响较大，一般在煤体较硬、水力冲孔冲不出煤时使用。机械扩孔工艺集水力打钻、机械造穴为一体，在常规打钻过程中采用 2～4 MPa 的低压水，起到排粉降尘、冷却钻头的作用，机械扩孔时注水泵站压力达到 12 MPa 的高压状态，机械刀臂完全打开，进行煤体切割产生孔洞，通过高低泵压的转换实现打钻、造穴一体化。机械扩孔工艺受煤层赋存情况及煤体硬度等参数影响不大，出煤量、增透卸压效果相对稳定。

高低压转换机械扩孔装置利用高压水打开机械刀柄对钻孔进行扩孔，可形成直径为 500 mm 的钻孔，增加煤体的暴露面积，有效改善煤层中的瓦斯流动状态，为瓦斯排放创造有利条件，改变煤体的原应力，使煤体得到充分卸压，提高煤层的透气性和瓦斯释放能力。

6.6.2.3 工艺特征

底板抽采巷、工作面顺层钻孔扩孔，采用高低压转换机械扩孔装置。低压状态下，水从钻头前端流出，具有钻进功能；高压状态下，机械扩孔装置前端封闭，刀柄弹出，具有扩孔功能，实现了不退钻杆钻进、扩孔一体化的作用。正常工作压力达到 8 MPa 以上，装置扩孔刀柄弹出，对煤体进行切割、破碎形成直径 500 mm 的钻孔。

6.6.2.4 操作程序

(1) 依次连接钻头、高低压转换机械扩孔装置、高压密封钻杆。利用井下低压水管路，按钻孔设计参数施工至设计深度。

(2) 关闭静压水，撤出一根钻杆，接上高压旋转接头，无关人员撤出警戒线外，开启清水泵站，首次启动空载 5 min 以上，待孔口反水后，控制调压阀匀速增压。

(3) 钻机转速调至最低。钻机在旋转状态下调整水泵压力，调整压力时动力头要在后退状态下进行。泵站压力从 6 MPa 逐步加压至 15 MPa(每增加 1 MPa 压力停留约 30 s)，在加压过程中及时观察钻机旋转速度、旋转压力、推进压力。推进时压力降至最低，观察动力头有前进动作即可。推拉过程严格观察旋转压力和转速，推进时一定保持慢速，稳定造穴 20 min，防止推进速度过快钻头卡死。

(4) 扩孔完成后，先将水泵压力调至低压，拆卸钻杆并摆放整齐。当钻头退出后，再关闭水泵。

(5) 机械扩孔装置、钻头、高压旋转接头、高压密封钻杆清洗干净，涂防锈油妥善保管，一般浸泡在油中保管。

6.6.2.5 注意事项

(1) 在加接高压密封钻杆前,必须将钻杆的两端和钻杆内孔杂质冲洗干净,以免残留的煤粉及其他细小颗粒进入扩孔装置,导致扩孔装置堵塞。

(2) 加接钻杆时,连接螺纹应拧紧,保证钻杆的密封效果。检查钻杆密封圈是否完好,如有损坏及时更换。

(3) 每次连接好机械扩孔装置后,在孔外都要试验一次,保证机械扩孔装置低压情况下出水顺畅,高压情况下刀柄可以充分打开,并且打开无卡顿现象。

6.6.2.6 故障排除

刀柄无法打开的原因及相应解决方法:

(1) 阀芯卡死而不转换,钻头出水流量损失导致泵站压力调不上去,造成刀柄打不开或不能完全打开。可拆开前丝头,更换处理转换阀芯。

(2) 清水泵站有压力,孔口也不反水,此情况可能是刀柄喷头堵塞,前端转换阀已转换,此时出现孔口不反水情况;也可观察水箱水位下降速度来判断,降低压力时孔口出水。可卸下喷头通低压水疏通。

(3) 扩孔装置后端阀杆弯曲或者卡死,也能造成刀柄打不开。此情况下孔口出水。推拉动力头没有阻力,极有可能是刀柄没有打开。可取掉后挡圈重新安装阀芯,必要时更换。

6.6.2.7 实验应用效果

(1) 机械扩孔工艺用于煤巷条带时,每个扩孔循环(18 个钻孔)出煤量平均为 67.4 t,是水力造穴工艺出煤量的 1.15 倍。

(2) 机械扩孔每穴平均用时 7 min,最快能达到 3 min,而水力造穴工艺每穴用时 30 min,单穴施工速度提高了 3 倍多。

(3) 机械扩孔工艺施工一个循环完钻用时 5 d,仅为水力造穴钻孔施工周期的一半,钻孔施工效率显著提高。

(4) 机械扩孔工艺完成一个循环钻、抽、掘工序平均用时 18 d,较水力造穴工艺效率提高了 22%,每施工一个循环可安全掘进 60 m。

(5) 机械扩孔工艺单孔抽采浓度平均为 55.8%,与水力造穴钻孔抽采浓度相当;平均单孔抽采纯量为 0.088 m^3/min,是水力造穴钻孔的 1.24 倍;单循环日平均抽采量为 1 217.8 m^3,是水力造穴钻孔的 1.3 倍。

(6) 采取机械扩孔增透消突措施后,掘进期间突出指标 K 值为 0.3～0.4,回风流内瓦斯浓度为 0.3%～0.5%,其间未出现瓦斯动力及瓦斯超限现象。

6.6.3 气体驱替

注气驱替增产法最初应用在石油和天然气的开采中,用来提高石油及天然气的采出程度,被认为是一种具有发展前途的新技术。美国 AMOCO 公司将该方法应用到低渗透煤层气田的开发中,以提高煤层气的开采效果。

现场常用的注入气体为 N_2 和 CO_2,其主要机制是利用不同气体在煤层中的吸附能力不同。因此,国内外学者对多元气体在煤中的相互作用与替代机理进行了大量的研究,分别对 CH_4-N_2、CH_4-CO_2 混合气体进行了吸附测试,结果表明煤对不同气体的吸附能力不同,每种气体都不是独立吸附的,而是多元气体竞争相同的吸附位,且吸附和解吸遵循不同的压力与吸附量关系等温线,而 N_2、CO_2 可与 CH_4 竞争吸附,从而破坏煤层中 CH_4 的吸附平衡状态，使 CH_4 解吸出来。

该技术有先注气后采气的间断性注气和边注边采的连续注气两种模式。增产原理为：两种模式都提高了储层的原始压力，使得煤层气的渗流速度增大，衰减时间延长，而注气引起煤层气渗流速度的增大，又造成了裂隙系统中煤层气分压下降速度的加快，引起更多的吸附煤层气参与解吸，解吸扩散速率增大，反过来又促使煤层气渗流速度加快；当注气压力较大时，还可能在煤层内形成新的裂隙，使渗透率增大，从而引起渗流速度增大。另外，由于煤是一种具有较高剩余表面自由能的多孔介质，当煤的剩余表面自由能总量一定时，即煤层与混合气体达到吸附平衡后，每一组分的吸附量都小于其在相同分压下单独吸附时的吸附量。因此，注气后，竞争吸附置换作用必然使一部分吸附的甲烷解吸扩散，从而引起扩散速率和渗流速度的提高。

目前，注气驱替煤层气被认为是一种具有发展前途的新措施，受到各方面的广泛关注。国外储层模拟和先导试验表明，在煤层中注入非经气体可以促进解吸，提高煤层气的单井产量和采收率。1996 年，在美国的圣胡安盆地进行了世界上第一次 CO_2-ECBM 试验，取得了一些经验。在国内，注气开采煤层气项目也已开始启动。但发展注气增产技术的关键在于气源，即要寻找天然 CO_2 气源，探索和发展制 N_2、注 N_2、脱 N_2 和制 CO_2 等技术。

6.6.3.1　气体驱替的原理

煤层气井气体注入驱替技术的增产效果，主要在于通过向煤层中注入其他气体，降低 CH_4 在煤孔隙中的分压（即竞争吸附作用），促进 CH_4 在煤中的解吸。同时，注入气体还增加了煤层气向气井流动的动力，有利于压力封闭型煤层气克服在低渗透煤层中的流动阻力。目前煤层气井注入驱替主要采用两种方法：一是注入 N_2，二是注入 CO_2。二者的增产机制都是通过注气来增加煤层中气体流动的能量和气体的相渗透率，并置换被煤吸附的 CH_4 气体。

6.6.3.2　气体驱替的研究现状

在注入增产方面，国外近年来开展了大量的研究，该项技术已得到成功运用。美国 AMOCO 公司采用五点法注气开发煤层气取得良好采收效果，由此开发出一项提高煤层气采收率的新技术（ECBM）。AMOCO 公司的室内注 N_2 试验已获得 100％的 CH_4 采收率，在圣胡安盆地西北部采用五点井网进行现场试验使煤层气产量提高 3 倍。

根据煤储层吸附-解吸机制，国内有关机构首次采用“解吸-注气-解吸”的试验方法，分别进行 CH_4、CO_2 的吸附-解吸和 CO_2 注入置换煤层 CH_4 试验，模拟了煤层气井“排采-注气-排采”的增产途径和效果。结果表明：在 CH_4 和 CO_2 二元体系的竞争吸附中，CO_2 组分的吸附速率是先快后慢，而 CH_4 组分的吸附速率是先慢后快，解吸时则相反，反映出 CO_2 在竞争吸附中占据优势；注入 CO_2 气体的数量越大和相对浓度越高，单位压降 CH_4 解吸率和 CO_2 吸附率就越高。试验成果对工业规模的煤层气开发试验具有指导意义。

另外，辽宁工程技术大学依据双重介质扩散渗流和多组分吸附平衡理论，建立了注气开采煤层气多组分流体扩散渗流模型，该模型基于两条基本假设：

(1) 煤层是由基质微孔系统和裂缝、裂隙宏观系统组成的双重介质结构。

(2) 基质微孔系统微孔隙很小，水不能进入其中，微孔系统只存在多组分气体，且只发生吸附、解吸、置换和扩散，裂缝系统既是气的储集空间，也为气、水运移提供渗流通道。

在此模型基础上，进一步采用数值模拟方法研究了注气开采煤层气的增产机制，结果显示：注入 CO_2 不但减小煤层 CH_4 的分压，加速煤层 CH_4 的解吸，而且 CO_2 气体比 CH_4 气体更易吸附，更易竞争吸附置换煤层 CH_4 分子，使大量煤层 CH_4 解吸进入裂缝系统，提高了煤层气产量。

太原理工大学推导了自然降压开采和注气开采煤层气时最大理论回收量和回收率的计算公式，利用这些公式评价了注气效果和选择了注气种类，认为我国煤层气在自然降压开采时最大理论回收率为44%，注 CO_2 和 N_2 开采时最大理论回收率分别为76%和54%。但是，气体注入技术也存在成本相对较高、注入装置复杂庞大、产出气体中 CH_4 浓度降低、气体需要进一步提纯等问题。

6.6.3.3 注气气源分析

分析煤对 CO_2、CH_4、N_2 的吸附性，考虑注气对瓦斯抽采钻孔增流、煤层瓦斯驱替以及煤层增透的多重效应，将 CO_2、N_2、空气作为气源进行对比。

(1) 注入纯 CO_2 驱替煤层瓦斯，从提高瓦斯抽采率方面来说是最优的，同时还可以封存 CO_2，减少温室气体，产生环境效益。但经研究表明，在将 CO_2 注入煤层后，由于 CO_2 将 CH_4 置换后吸附在煤基质上，煤层体积膨胀，渗透率降低，使得突出可能性比原含瓦斯煤层更高。另外，目前 CO_2 的提纯成本较高。

(2) 注入纯 N_2 驱替煤层瓦斯，瓦斯抽采率低于注 CO_2 的抽采率，但是注入 N_2 后，由于煤对 N_2 的吸附性弱于对 CH_4 的吸附性，N_2 驱替 CH_4 后，煤基质收缩，孔隙增大，使煤层渗透性增强，利于煤层瓦斯进一步排除。另外，煤层总体变形，应力减小且瓦斯压力减小，突出的可能性降低。

(3) 注入空气驱替煤层瓦斯，瓦斯抽采率低于注 CO_2 和 N_2 的抽采率，但结合瓦斯抽采钻孔增流、煤层瓦斯驱替以及煤层增透原理，向煤层注入空气后，当其他条件不变时，煤层瓦斯压力增大，煤体中的游离瓦斯及注入的空气向低压侧(抽采孔)运移，瓦斯不断被解吸、驱动、携带，并向孔隙-裂隙系统扩散，从而可增加钻孔抽采瓦斯量。同时空气安全系数比 CO_2 和 N_2 高，一旦发生大面积泄漏，不会影响井下有限空间内气体的成分，不会造成安全事故。

7 储层增产改造工艺与技术

7.1 概述

我国煤矿区煤层气开发面临抽采难度大、抽采效率低、抽采集中度低等困难，煤矿区煤层气利用面临煤层气浓度低、浓度波动大、利用率低等现实难题，煤矿区煤层气开发利用仍然存在诸多瓶颈问题尚未得到解决。我国煤层气储存条件具有“三低一高”(低饱和度、低渗透性、低储层压力、高变质程度)的特点，大部分矿区煤层渗透率在 10^{-7}～10^{-6} μm^2，比美国等国家低 3～4 个数量级，此类条件下的煤层气开发是世界性难题。针对此难题，我国研究了储层增产工艺与技术，本章主要从多分支水平井增产技术、压裂技术和注氮增产改造技术进行介绍。

7.2 多分支水平井增产技术

7.2.1 多分支水平井增产机理分析

多分支水平井技术特别适合开采低渗透储层的煤层气，是低渗透储层煤层气开采技术的一次革命性进展。与采用射孔完井和水力压裂等储层改造技术的常规直井相比，多分支水平井能够更大限度地增加井眼与煤层的接触面积和泄气面积，沟通煤层割理(微裂隙系统)和裂缝系统，在短期内实现排水降压促进渗透率随煤层气解吸而增大的效应发展，降低煤层裂隙内气、水两相流的流动阻力，大幅度提高低渗透煤储层煤层气单井产量。

7.2.1.1 有效供给范围分析

多分支水平井在煤层中呈网状分布，沿低渗方向钻井，即垂直于面割理方向钻水平井，造成更高的面割理钻遇率，将煤层分割成很多连续的狭长条带，使更多的煤层裸露和割理裂缝系统得以沟通，增加泄气面积和气流的渗透率，使更多的煤层气进入井眼，从而大大增加煤层气的供给范围，更大范围内实现排水降压，从而提高单井产量。水平钻进 800～1 000 m 比较容易，然而要压裂这么长的裂缝几乎是不可能的，而且造就一条较长的支撑裂缝要求使用大型的泵注设备。

7.2.1.2 导流能力分析

压裂的裂缝无论长度多长，流动的阻力都是相当大的，而水平井内流体的流动阻力相对于割理系统要小得多。分支井眼与煤层割理相互交错，煤层割理与裂隙更加畅通，提高了裂隙的导流能力。

这里仅比较单一水平井、割理的渗流阻力。分支水平井的地层水渗流阻力可按下式计算：

$$R=\frac{\mu}{2\pi kh}\left|\ln\frac{4^{1/n}r_e}{L}+\frac{h}{nL}\ln\frac{h}{2\pi r_w}\right| \tag{7-1}$$

式中 R——渗流阻力,MPa;

L——分支水平井长度,m;

k——地层渗透率,$10^{-3}\ \mu m^2$;

h——储层厚度,m;

μ——流体黏度,mPa·s;

r_e——供给半径,m;

r_w——井筒半径,m;

n——分支水平井井筒数。

计算割理阻力,可将井筒半径换成割理半径。当水平井井段长为 100 m,井眼直径取 152 mm,割理简化成 ϕ1.5 mm 的圆孔时,经计算比较,地层水在割理中的摩擦阻力比在分支水平井中的摩擦阻力高出 3 倍以上,可见分支水平井可明显地降低流体在煤层中的摩擦阻力。

同时,由于钻井和试采过程中抽吸压力和激动压力的存在,诱导了井眼附近原始微裂纹的扩张与扩展,特别是当煤层在试采降压后,部分煤层水和游离气排出,煤层基岩颗粒会有不同程度的收缩,也促进了原始裂纹的扩张与扩展,这样煤层的导流能力和产量就会大大提高。原始裂纹的扩展程度取决于煤岩断裂韧性和井内压力激动的幅度与频率。

7.2.1.3 动态渗透率分析

多分支水平井能有效提高导流能力,建立有效压差,加快脱附速度。钻进分支井筒过程中“搬运煤体”能在一定程度上释放部分地应力,同时在更大范围内实现排水降压,从而促进动态渗透率增加。与直井相比,多分支水平井可以更早实现产气高峰。

常规直井单井产能特征主要表现为:储层压力从井筒向井壁四周传递的速度较为缓慢;生产压力所能达到的极限值偏高,造成相对一部分吸附在煤层中的气体因为压力高于解吸压力而不能解吸产出。同时,单井生产具有的显著特征为:在投入生产初期相对较短的时间内,随着产液量的增加和压力的降低,气、水两相分离,气体聚集的能量在较短的时间内释放出来,在生产曲线上表现为产气量达到一个相对的极高值,即为高峰产气阶段,接下来的阶段为产气量下降阶段,此阶段随着压力下降,产气量逐渐下降,并且产液量明显减少。

多分支水平井生产曲线表现为:初期较短时间内产液量大,随着大量水的排出,储层压力有效释放,并在水平井周围形成压力梯度,合理传递压差;产气量迅速上升,短期内达到一个高峰产气阶段,随后下降。

7.2.1.4 储层保护

常规直井钻井完钻后要固井,完井后还要进行水力压裂改造,每个环节都会对煤层造成不同程度的伤害,而且煤层伤害很难恢复。采用定向多分支水平井钻井完井方法,就避免了固井和水力压裂作业,只要在钻井时设法降低钻井液对煤层的伤害,就能满足工程要求。

多分支水平井技术集钻井完井和增产技术于一身,通过“搬运煤体”制造应力释放空间,使煤层的割理裂隙系统重新得到沟通和扩张,打破煤-气-水三相物质耦合的动态平衡，实现煤层气稳定高产。从煤层气的生产资料特征和数值模拟结果分析都可以看出，多分支水平井开发生产煤层气的效果远远比单井生产的效果好。多分支水平井的增产机理在于能增加煤层裸露面积，改善井底渗流条件，有效地降低井底流压，扩大压力波及范围，增加有效解吸区，扩展两相渗流区范围，从而提高导流能力，促进动态渗透率增加，并且减少储层伤害。

7.2.2 多分支水平井产能控制因素分析

7.2.2.1 多分支水平井的产能释放能力和释放速度

多分支水平井是集钻井、完井与增产于一体的新型高效开发技术，从本质上看，其产能释放能力和释放速度可通过以下几个方面来体现：

(1) 更快速的压降渠道——多分支水平井通过在煤层中部署大量的大尺寸井筒，直接在煤层中形成大面积的导流系统，不仅可以将压降快速传递到最远的储层深处，扩大压降漏斗，而且进一步扩大了有效渗透区域，从而使更多煤体产生降压解吸、释放产能。

(2) 更大面积且更有效的解吸范围——多分支井眼通过大面积的网状延伸，完全沟通了煤层中的裂缝与割理系统，使煤层内气体的解吸范围大大增加，使参与解吸的煤体面积在短时间内快速扩大，提高了压降传递的效率，因而可以极大地缩短采收时间，提高采收率。

(3) 压降之前完成应力释放，提前激发产能释放内循环——多分支水平井从煤层中大量搬运煤体、大规模造穴，形成了非常好的应力释放环境，这种应力释放环境可以诱发裂缝扩张与扩展，极大地解放了煤层的渗透率的束缚。

有效压差作用下某时刻的产气量与压力、储层渗透率等参数的数学关系可以用下式来表示：

$$\begin{cases} q_{sg}=\dfrac{k_a k_{rg} h(\bar{p}-p_{wf})}{K\mu_g B_g\left[\ln\left(0.472\dfrac{r_e}{r_w}\right)+s\right]} & (p_{wf}<\text{临界解吸压力}) \\ q_{sg}=0 & (p_{wf}\geqslant\text{临界解吸压力}) \end{cases} \tag{7-2}$$

式中 q_{sg}——气体流量，m^3；

k_a——绝对渗透率，mD；

k_{rg}——气体的相对渗透率，mD；

h——煤层厚度，m；

$\bar{p}$——抽采区域的平均压力，MPa；

p_{wf}——井底流压，MPa；

μ_g——气体黏度，mPa·s；

B_g——气体地层体积系数；

r_e——抽采半径，m；

r_w——井筒半径，m；

s——表皮因子；

K——取决于单位制的系数。

对于一个给定的井眼布置来说，煤层厚度、抽采半径、井筒直径等为常数，黏度和地层体积系数是在其基数上变化很小的数，故引起产气量较大变化的参数有：

(1) 绝对渗透率。绝对渗透率越高，产气量越大，二者呈正比关系。

（2）相对渗透率。相对渗透率是水饱和度的函数，同时与煤体性质有关，水饱和度越低，气相渗透率越高。

（3）压差（$\bar{p}-p_{\mathrm{wf}}$）。该压差为井底压力与储层压力的差值，是煤层气渗流的动力，也是煤层气解吸的决定因素，只有使储层压力降低到解吸压力以下才能使煤层气解吸，同时只有绝对渗透率较高时，压降才能有效传递到煤体。

在给定的时段 T，累计产气量 Q 可用下式表示：

$$Q=\int_0^T q_{\mathrm{sg}}\mathrm{d}t=\int_0^T \frac{k_{\mathrm{a}}k_{\mathrm{rg}}h(\bar{p}-p_{\mathrm{wf}})}{K\mu_{\mathrm{g}}B_{\mathrm{g}}\left[\ln\left(0.472\frac{r_{\mathrm{e}}}{r_{\mathrm{w}}}\right)+s\right]}\mathrm{d}t \tag{7-3}$$

储层环境对产能的控制作用是通过临界解吸压力、含气饱和度及渗透率来体现的。水平井工程进尺和分布控制压降范围和效率，排采制度决定降压速度。对特定区域的给定资源条件来说，水平井工程进尺和分布与排采制度是共同控制多分支水平井产能释放能力和释放速度的工程手段。

7.2.2.2 多分支水平井产能释放的限制条件

多分支水平井的产能释放能力和释放速度受施工地点资源条件、工程进尺与井眼分布及井筒几何形状、排采制度等因素综合控制。资源条件主要包括煤层厚度、埋深、含气量、渗透性、储层压力、等温吸附特性等因素；工程参数包括井眼方位、井眼长度、井眼间距及煤层钻遇率等信息。资源条件、井眼部署及排采作业制度共同作用，最终决定了生产井产能和产量。

（1）资源条件

气藏资源条件可以通过等温吸附性质、导流性质、含气性和吸附与驱动能量等 4 个方面的属性来综合判断。吸附常数、渗透率、含气量与储层压力是这 4 个方面最重要的代表性指标。

① 吸附动力和含气饱和度

煤对甲烷的吸附服从 Langmuir 方程：

$$V=\frac{abp}{1+bp} \tag{7-4}$$

式中 V——煤层含气量，$\mathrm{m^3/t}$；

a——Langmuir 体积，$\mathrm{m^3/t}$；

b——Langmuir 压力的倒数，$\mathrm{MPa^{-1}}$；

p——储层压力，MPa。

Langmuir 方程表明，煤层含气量 V 主要受煤体等温吸附性质和储层压力 p 两个方面的参数影响。前者是煤体的固有物理性质（不随外界条件而改变），不同变质程度的煤体具有不同的吸附常数 a、b；后者储层压力 p 则是作用于煤体的外在力量，它随着地质环境的改变而改变。因此，对一定变质程度和构造环境的煤储层而言，煤层气吸附动力就是储层压力，储层压力越大，煤体吸附的气体越多。而储层压力实际上是煤层中的流体压力，所以煤层中的静水压力成为煤层气最主要的吸附动力，没有足够的吸附动力，煤层气不可能成藏。

对产气来说，没有储层压力的降低，煤层气就不可能解吸和流动。储层压力改变导致有效应力改变，决定煤储层中天然裂隙开合程度的直接动力学因素为有效应力和天然裂隙所围限的煤基质的膨胀收缩效应。有效应力即垂直于裂隙方向的总应力与煤储层内孔隙、裂隙流体压力之差，有效应力增大，裂隙相对受压而宽度减小，甚至闭合。天然裂隙所围限的煤基质的膨胀收缩效应指煤基质吸附气体引起自身膨胀而使裂隙宽度变窄，解吸气体导致自身收缩会使裂隙宽度加大。在煤层气开发过程中，经排水降压使储层压力降低到临界压力以下时，煤层气开始解吸。随孔隙压力降低，气体解吸量增大，基质微孔隙表面自由能增大，基质收缩，裂隙宽度增大，孔隙率增大，从而使得渗透率提高。Sharpalani 等的研究表明，CH_4 和 CO_2 的吸附应变可用 Langmuir 等温吸附模型来精确地描述，因此得吸附应变模型：

$$\varepsilon_v = \varepsilon_{max} \frac{p}{p + p_{50}} \tag{7-5}$$

式中 ε_v——压力 p 下吸附的体积应变；

ε_{max}——理论最大应变量，即无限压力下的渐进值；

p_{50}——煤岩体达到最大应变量一半时的压力。

② 导流通道

煤层气的产出实际是气体从煤颗粒表面解吸后沿浓度梯度扩散到裂隙，然后按照压力梯度汇聚到井筒的过程。煤层气的流动服从 Darcy 渗流方程：

$$v = -\frac{k\,\mathrm{d}p}{\mu\,\mathrm{d}l} \tag{7-6}$$

式中 v——单位时间单位面积上的渗透量，m^3；

$\frac{\mathrm{d}p}{\mathrm{d}l}$——压力变化率，MPa/m；

k——渗透率，$10^{-3}\ \mu m^2$；

μ——流体黏度，mPa·s。

式(7-6)表明煤层气在煤层中的渗流速度与压力梯度和渗透率成正比，而气体黏度在某一压力下是近乎不变的，煤层气的渗流速度就只与渗透率和压力梯度有关，因此高渗储层是煤层气井高产的一个先决条件。

渗透率是反映煤层裂隙发育程度和裂隙连通程度的指标，裂隙孔隙率随应力控制下的吸附应变变化而变化。动态渗透率与裂隙孔隙率的关系如下：

$$k = k_0 \left(\frac{\varphi}{\varphi_0}\right)^3 \tag{7-7}$$

式中 φ——特定储层应力作用下的孔隙率，%；

φ_0——初始孔隙率，%；

k_0——初始渗透率，mD。

受吸附应变效应的影响，只要外在的工程手段改变了煤基质所处的应力环境，基质孔隙率必然产生变化，基质孔隙率变化的一个内在表现就是煤基质渗透率的变化。因此，煤的导流能力是可变的，是需要工程手段来激发的。

③ 驱动能量

煤层气的流动速度是由储层的地质条件决定的，气井的产气速率一般服从下列方程：

$$q_p = p_I[k_{rp}/(B_p\mu_g)](p_a - p_{wf}) \tag{7-8}$$

$$p_I = 0.007\,08kh/[\ln(r_e/r_w) + s] \tag{7-9}$$

式中 q_p——流动速度,m/s;

p_a——平均储层压力,MPa;

p_{wf}——井底压力,MPa;

μ_g——黏度,mPa·s;

B_p——地层体积数;

p_I——储层产气数;

r_e——产气半径,m;

r_w——井筒半径,m;

s——表皮系数;

k——渗透率,10^{-3} μm^2;

h——储层厚度,m。

式(7-8)表明驱动能量(压差,$p_a - p_{wf}$)越大,气体产出速率越大。对一个确定的煤层气井来说,废弃压力是一定的,压差的大小一般取决于平均储层压力的大小。在这里,平均储层压力就被认为是气体流动的能量,而能量的传导实际上就是压力的有效传递,如果没有良好的流动通道,即使有很强的驱动能量也不能有效传导到井筒,对气体流动的推动作用也就无从谈起了。因此,从对煤层气成藏与产气的正向效应来说,驱动能量是与导流能力密切相关的。

气井产能的释放本质上严格受到资源条件的制约。工程手段的作用在于正向引导改变资源所处的地质环境,特别是压力和应力环境,使得受控于压力和应力条件的煤的结构和孔隙中的流体运动被激发,进而得到连续的气流,最终形成商业气流。实践也证明,只有当井底压力降到低于0.1 MPa时,气井产能才能得到最大限度的释放。

(2) 井眼部署

除了资源条件以外,煤层气井的产能还受到以下与工程有关的因素控制。

① 井眼长度。井眼长度对产能存在一定的影响。井眼越长,其控制的面积越大,单井产能和最终采收率也随着增加。根据产能模拟结果和实践验证,多分支水平井产量随井眼长度增加而增加,虽然不是线性增长关系,但表现了良好的正相关性。与传统的直井技术相比,多分支水平井井眼影响范围扩大,压降传导快且彻底,不仅气井产能大幅提升,而且采收时间极大压缩,采收率也明显增加。

② 分支井间距。在一定的供气范围内,分支井眼数的增加可以增大井眼与煤层割理系统接触的面积,更有利于在"面"的范围内排水降压,可以显著地加快采收时间,提高寿命期内的单井产量。但过小的井眼间距显然会增加钻井成本,影响气井的商业回报能力。

合理确定分支井眼间距的原则有:满足给定回采率的时间要求;合理的产量需求与资源供给能力;投资回报需求。

③ 井眼轨迹在煤层中的位置。井眼轨迹距离煤层顶底板距离不同,其产能效果可能不一样。分支井眼数越少,这种影响越明显。对结构较复杂的煤层,井眼位置对产能的影响可能更加明显。如图7-1所示,井眼轨迹在煤层中稳定夹矸上下穿行更有利于提高产能。如果井眼轨迹只在夹矸的上部或下部,由于夹矸的屏蔽,整个煤层的气体将得不到很好的抽排。

④ 水平井眼的位置和方向。根据煤层气的开发必须通过排水降压来实现"解吸—扩

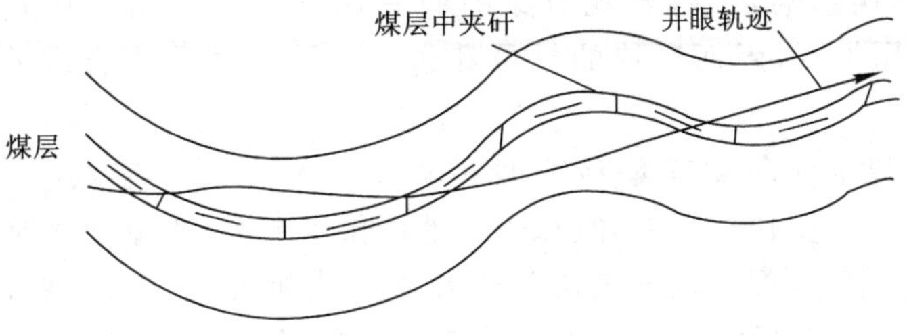

图 7-1 井眼轨迹在煤层中稳定夹矸上下穿行

散—渗流”的原理，生产井位于煤层的下倾方向，即以排采生产井为中心井眼沿着煤层的上倾方向布置，对排水降压有利。同时井眼延伸与主应力的作用方向也会因为主应力控制煤层主要裂隙方位而对气井的导流能力有很大的影响和控制作用。

(3) 排采作业制度

由于储层条件和煤、水、气三相物质的耦合关系随着压力-应力环境条件变化表现出高度的敏感性和多变性，尤其是不同孔隙状态下流体流态对有效应力变化的高度敏感性，使得气、水流量变化在不同尺度的孔隙环境中造成流态脱节，从而形成间歇性的气水分流和煤粉嵌置，因此煤层气井排采需要遵循“不求最快、最大，但求最合理”的基本原则。排采过快、早期产量过大，都会造成储层条件的不可逆破坏，特别表现在应力-应变、煤粉控制及压降传导3个方面。

排采过快、片面追求高产引起的孔隙压力变化会引发有效地应力变化，显著地改变裂缝的宽度、流体流动速度和压力在裂隙中的分布。单位压力变化所引起的孔隙体积的相对变化可以用下式表示：

$$c_p = \frac{1}{V_p}\frac{\mathrm{d}V_p}{\mathrm{d}p}\bigg|_{\sigma=\text{常数}} \tag{7-10}$$

式(7-10)等价于孔隙压缩系数 c_{φ_p}：

$$c_{\varphi_p} = \frac{1}{\varphi_p}\frac{\mathrm{d}\varphi_p}{\mathrm{d}p}\bigg|_{\sigma=\text{常数}} \tag{7-11}$$

对式(7-11)进行积分，得：

$$\varphi_p = \varphi_0 \mathrm{e}^{c_{\varphi_p}(p-p_0)} \tag{7-12}$$

式中 φ_0——压力为 p_0 时的孔隙率，%。

这里只考虑固体在弹性范围内，压差$(p-p_0)$较小，式(7-12)可近似为：

$$\varphi_p = \varphi_0[1 + c_{\varphi_p}(p - p_0)] \tag{7-13}$$

式(7-13)就是流体压力引起固体骨架弹性变形的状态方程或称孔隙率变化的状态方程。

排水过快、排采强度过大都会造成储层条件不可逆破坏。排水压差$(p\quad p_0)$太快会造成有效应力明显升高，孔隙闭合，造成绝对渗透率降低，从而限制压降传导，不利于产能释放；同时排采强度太大会造成井筒及近井地带煤层不稳定，排水速度过大会促使煤层孔隙大量吐粉，造成部分孔喉及裂隙堵塞，从而导致产量波动，制约产能释放。由于煤体本身的孔隙存在裂隙和微裂隙多级分异，这种分异的裂隙系统对同样的压力变化或不同速度的压力变化表现出了明显的应变规律，其中的气、水流动被局部化和间歇化，表现为不同的流态和不连续的供给，宏观裂隙中的快速气流得不到微观裂隙及时补充的时候，煤粉的破坏作用加剧，因而过快的排量和过大的流速对形成合理的流态衔接都是极为不利的。

合理的排采制度应能激发应力-应变循环，实现有效的煤粉控制，充分引导压降传导。合理的排采方式包括：① 初期缓慢降压，落实地层供液能力，避免近井地带有效应力剧增，限制煤层导流能力；② 合理调控产气初期排水强度，井底压力接近临界解吸压力时煤层产水量增加，容易吐粉，该阶段需密切关注水质变化情况，调整排采强度，控制煤粉，同时避免井底压力出现剧烈波动。

7.3 压裂技术

含气煤层中的天然裂缝虽然具有一定的作用，但是通常无法提供经济开采所需的渗透通道。多数含气煤层都需要实施水力压裂，从而使更多的煤层范围暴露于井筒的压降条件下。煤层中水平井周围紧密排列的水力压裂裂缝能够加快天然气的开采速度。目前，煤层气开采领域中，可以有效提高煤层气井产量的压裂技术主要包括大型水力压裂技术、清水压裂技术、多层压裂技术、重复压裂技术等。

7.3.1 大型水力压裂技术

煤层气开发水力压裂原理就是利用储层的天然或诱导裂缝系统，使用含有各种添加剂的压裂液在高压下注入地层，使储层裂缝网络扩大，并依靠支撑剂支撑裂缝，从而改善储层裂缝网络系统，达到增产目的。

煤层气水力压裂是利用地面高压泵组，将高黏液体以大大超过地层吸收能力的排量注入井中，在井底憋起高压，压力需要达到 100 MPa。当此压力大于井壁附近的地应力和地层岩石抗张强度时，在井底附近地层产生裂缝，然后以较快的速度注入带有支撑剂的携砂液，使裂缝向前延伸并填以支撑剂，关井后裂缝闭合在支撑剂上，从而在井底附近地层内形成具有一定几何尺寸和导流能力的填砂裂缝，达到增产增注的目的。

7.3.2 清水压裂技术

所谓清水压裂就是采用添加一定减阻剂的清水作为压裂液。这种压裂液的主要成分是水以及很少量的减阻剂、黏土稳定剂和表面活性剂。该技术在不减产的前提下能节约 30% 左右的成本，而且清水压裂也很少需要清理，且可提供更长的裂缝，并将压裂支撑剂运到远至裂缝网络。经过第一次水栓后，作业者将大量带有少许细砂的清水压入井中开始压裂过程，随后使用大量带粗砂支撑剂的清水使裂缝靠近井筒开窗处。最后一步是冲刷过程，将支撑剂从设备和井筒开窗处移除出去。冲刷之后，下一步的处理阶段就从新的孔洞开始，这些孔洞都具有其自身特定的储层参数，包括厚度、局部应力、压缩性和刚度。整个阶段的压裂需严密监控，并对压裂参数进行适时调整从而适应煤层气储层的局部变化，其中包括岩性、自然分裂刚度的变化和应力状态的变化。

清水压裂增产依靠以下几种机理相互作用：① 由于岩石中天然裂缝具有一定的表面粗糙度，闭合后仍能保持一定的缝隙，就可以形成对低渗储层来说已经足够的导流能力；② 清水压裂基本上不存在残渣伤害问题，与聚合物压裂液相比，裂缝的导流能力受残渣伤害有所降低；③ 清水（线性胶）携砂能力弱，支撑剂易沉降到较细的垂直天然裂缝中，使微裂缝处于张开状态;④ 压裂过程中,岩石脱落下来的碎屑(特别是在煤层地层中)可能形成“自撑”式支撑;⑤ 剪切力使裂缝壁面产生剪切滑移,在裂缝延伸过程中使已存在的微隙裂开,并使断层面及其他弱面张开。

总之,当裂缝周边的岩石在压力超过“门槛”压力后,即发生“滑移”破坏,两个裂缝粗糙面的滑动使垂直于缝面的缝隙膨胀。停泵后,张开了的粗糙面使它们不能再滑回到原来的位置,从而使剪切产生的裂缝渗透率得到保持。

清水压裂由于携砂能力差,砂浓度低,故施工效果取决于是否存在着有利的天然裂缝系统以及它们对压力及原地应力的响应程度。清水压裂一般适用于低渗透地层、高强度岩石地层和压力较低的地层。

7.3.3 多层压裂技术

大多数煤层气井的产量在水力压裂措施后能够得到显著提高,但在某些完井配置情况下,增产措施将受到挑战,主要包括压裂的层位数目、每一个层位的压裂效果和压裂的作业成本等,它们之间需要一个有效的平衡管理。在现有的压裂技术条件下,管理者为了降低作业成本,一般减少压裂层位的数目,结果导致压裂后煤层气井的产量较低,增产效果不明显。通过应用更高效的多层压裂工具并在作业过程中进行实时监测,可以解决这一难题。多层压裂技术是对增产措施的一种改变,常常用于垂直堆叠的致密地层的增产。

常规的多层压裂技术可以分为两类:一是利用一套压裂设备对每一个目标层位进行单独压裂,把工具和设备下到井筒中设计好的位置,以便于对已经优选好的孤立的目的层进行作业;二是利用压裂液控制设备或者分流设备把压裂液分配到多个压裂层位,以实现对多个层位进行压裂。第一种方法压裂的效果较好,它可使每一个目标层位的产能都达到最大化,但由于作业的时间较长并且还需要其他辅助设备,故作业成本较高。由于作业成本的限制,只能对几个优质的产层进行增产,其他的产层不能达到增产。第二种方法的作业时间较短,成本相对较低,但作业效果与第一种方法相比较差,原因是分配到每一个层位的压裂液不能准确地得到控制,并且有些层位可能不能压裂,这就减少了总的压裂层数,从而降低了增产效果。

7.3.4 重复压裂技术

重复压裂技术用于在不同方向上诱导产生新的裂缝,从而增加裂缝网络,提高生产能力。如果初始压裂已经无效,或现有的支撑剂因时间关系已经损坏或质量下降,那么对该井进行重复压裂将重建储层到井眼的线性流。该方法可以有效改善单井产量与生产动态特性,在煤层气井生产中起到积极作用,压裂后产量接近甚至超过初次压裂时期。如果要使重复压裂获得成功,必须评估重复压裂前后的平均储层压力、渗透率与厚度乘积、有效裂缝长度和导流能力等,所以重复压裂的实施离不开室内实验的帮助。实验结果表明,如果应力差小于 3 MPa,甚至是应力逆转,则重复产生的裂缝会沿着原始裂缝传播;当应力差大于 3 MPa 时,在实验条件下会产生新的裂缝。裂缝测试之后进行断裂封堵效应测试,结果表明:当射孔沿着最大和最小主应力方向取向,且将封堵物质泵入裂缝将其封堵时,先形成垂直于最小水平主应力的垂直裂缝,再形成与较大水平应力垂直的新裂缝,最后新裂缝会转向最小主应力方向。

一般重复压裂都是在已生产了几年的井中进行的,长时间的生产引起了在初始裂缝椭圆形区域的局部空隙应力重新分布,储层压力减小,从而改变了储层压力状态。由于裂缝周围应力干扰区域的延伸形状，最小和最大水平主应力有时会发生改变，如最大应力变为最小应力，或反过来。如果两水平应力的倒转足够大或初始压裂产生的裂缝被有效封堵了，那么就会形成重复压裂再定向的适宜条件。在这种条件下，新的裂缝可在 90°方向传播到初始裂缝，直至到达应力紊乱区。在两水平应力相等以外部分，新裂缝的方向与原始裂缝相同或在其原始裂缝平面上发展。如果渗透性是各向异性的，那么在裂缝附近的椭圆形区域内，应力的衰减规律将更加复杂。

此外，煤层气井在生产过程中适宜多次改造，美国早期的煤层气直井在生产过程中普遍实施过 2 次以上的增产改造。

7.4 注氮增产改造技术

7.4.1 注氮增产改造技术原理

该技术利用流体压力激动使井壁破坏产生坍塌形成洞穴，作业时从地面注入氮气，使井底压力增大，达到预定压力后憋压，一段时间后迅速卸压，煤岩所受应力变化，井周围煤岩坍塌形成洞穴，重复多次作业，便可达到煤层改造效果。该方式造穴后在煤层内形成洞穴、剪切破碎带及扰动带，如图 7-2 所示。洞穴是由井壁煤岩坍塌形成；剪切破碎带内煤岩受应力变化作用，渗透率得到较大改善，距井筒越远，渗透率改善程度越低，煤层渗透率越接近原始渗透率；扰动带内煤岩应力也发生变化，但煤岩性质没有变化。

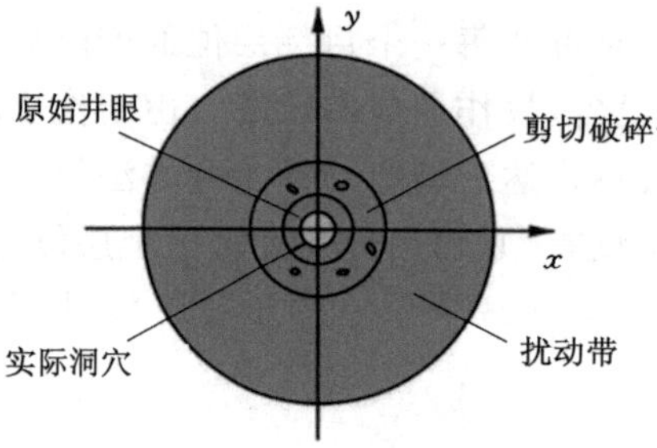

(a) 洞穴效应

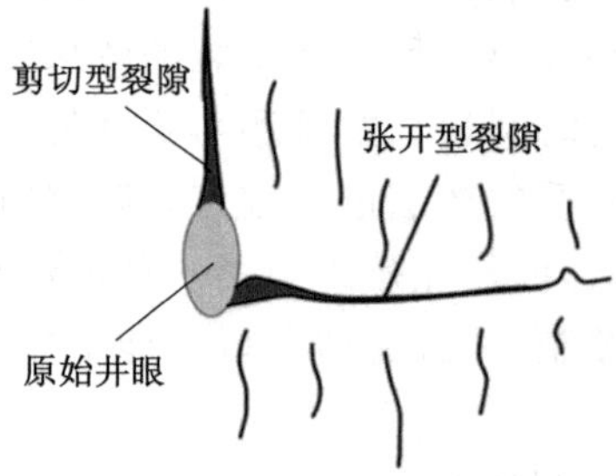

(b) 井眼周围形成的裂缝

图 7-2 洞穴效应延伸示意

该技术主要分为以下 3 步：① 顶替排液，其作用是洗井、清除井眼污染；② 氮气驱替，其作用是氮气扩散过程中扰动地层，沟通储层割理裂隙，改善井筒远处的渗透率；③ 憋井放喷，其作用是形成剪切破碎带，改善井筒远处渗透率，同时补充地层能量并起到分压作用，氮气返排过程中带出部分甲烷并疏通流动通道，降低了甲烷流动所需的启动压力，利于压降漏斗快速向地层深处传播，促进甲烷解吸并产出。

7.4.2 注氮增产改造技术设计思路

注氮增产改造技术各施工阶段措施如下：① 顶替排液阶段，按井筒液面设计顶替压力，顶替放喷至少 1 次；② 氮气驱替阶段，按处理半径设计氮气总用量，尽量疏通深部储层，在条件允许的情况下，注入压力尽量接近破裂压力；③ 憋井放喷阶段，在保证一定放喷能量的情况下，延长憋井时间有利于氮气向深部扩散，条件允许时放喷阀全开。

针对煤储层特性突出的煤矿，仅依靠单一降压排采方式无法达到产能目标，必须经过有效的煤储层改造才能得到产量突破，实现快速、高效开发，利用“顶替排液、氮气驱替、憋井放喷”等方式进行煤储层改造，实践应用效果良好。利用煤层气水平井注氮增产改造技术特点，针对各井参数差异，优化设计注氮增产改造技术的各项工艺技术参数及方案，能有效地提高改造效果。

参考文献

[1] 蔡峰.煤巷掘进过程中煤与瓦斯突出机理的研究[D].淮南:安徽理工大学,2005.

[2] 蔡峰,刘泽功,林柏泉.高瓦斯煤层深孔预裂爆破增透数值模拟试验[J].辽宁工程技术大学学报(自然科学版),2009,28(4):513-516.

[3] 陈朝松.煤层气开采工艺及设备优选研究[J].中国石油石化,2016(23):32-33.

[4] 崔凯华,郑洪涛.煤层气开采[M].北京:石油工业出版社,2009.

[5] 杜计平,汪理全.煤矿特殊开采方法[M].徐州:中国矿业大学出版社,2003.

[6] 范鹏鹏,芦升彦.超临界 CO_2 强化开采煤层气研究进展[J].当代化工,2021,50(7):1681-1684,1689.

[7] 冯立杰,贾依帛,岳俊举,等.煤层气开采关键地质影响因素[J].石油与天然气地质,2017,38(6):1105-1112.

[8] 冯云飞,李哲远.中国煤层气开采现状分析[J].能源与节能,2018(5):26-27.

[9] 傅雪海,秦勇,韦重韬.煤层气地质学[M].徐州:中国矿业大学出版社,2007.

[10] 高峰,许爱斌,周福宝.保护层开采过程中煤岩损伤与瓦斯渗透性的变化研究[J].煤炭学报,2011,36(12):1979-1984.

[11] 高举.煤层气开采工艺技术[J].中国石油石化,2016(增刊2):214.

[12] 郭辉,李想,曾云,等.CO_2 驱提高煤层气开采效果注入参数的实验研究[J].当代化工,2016,45(11):2585-2588.

[13] 郭立稳,王福生,武建国,等.煤层自然发火预测预报及防治技术[M].北京:冶金工业出版社,2012.

[14] 郭平.深部煤层瓦斯运移规律及固-气耦合动力学模型[M].徐州:中国矿业大学出版社,2019.

[15] 贺天才,秦勇.煤层气勘探与开发利用技术[M].徐州:中国矿业大学出版社,2007.

[16] 胡爱梅,陈东,等.煤层气开采基础理论[M].北京:科学出版社,2015.

[17] 胡殿明,林柏泉.煤层瓦斯赋存规律及防治技术[M].徐州:中国矿业大学出版社,2006.

[18] 蒋长宝,尹光志,黄启翔,等.含瓦斯煤岩卸围压变形特征及瓦斯渗流试验[J].煤炭学报,2011,36(5):802-807.

[19] 金忠臣,杨川东,张守良,等.采气工程[M].北京:石油工业出版社,2004.

[20] 康天合.煤层注水渗透特性及其分类研究[J].岩石力学与工程学报,1995,14(3):260-268.

[21] 康永尚,邓泽,刘洪林.我国煤层气井排采工作制度探讨[J].天然气地球科学,2008,19(3):423-426.

[22] 康永尚,秦绍锋,韩军,等.煤层气井排采动态典型指标分析方法体系[J].煤炭学报,

2013,38(10):1825-1830.
[23] 康永尚,叶建平,姜杉钰,等.煤层气勘探开发地质工程[M].北京:科学出版社,2020.
[24] 康永尚,赵群,王红岩,等.煤层气井开发效率及排采制度的研究[J].天然气工业,2007,27(7):79-82.
[25] 赖枫鹏,李治平,刘晓燕,等.拟稳态扩散的煤层气井动态模型及应用[J].煤炭学报,2014,39(9):1820-1825.
[26] 赖枫鹏,李治平,汪益宁,等.考虑井间干扰的煤层气井动态预测方法[J].中国矿业大学学报,2013,42(2):251-256.
[27] 赖晓晴,楼一珊,屈沅治,等.我国煤层气开发钻井液技术应用现状与发展思路[J].石油天然气学报,2009,31(5):326-328.
[28] 劳力云,郑之初,吴应湘,等.关于气液两相流流型及其判别的若干问题[J].力学进展,2002,32(2):235-249.
[29] 李焕文.煤层气开采井组合方案设计与分析[J].石化技术,2017,24(2):236.
[30] 李建伟.浅埋厚煤层开采覆岩导气裂缝形成机理与控制技术[M].徐州:中国矿业大学出版社,2019.
[31] 李俊豪.沁水盆地南部柿庄南区块煤层气开采水文地质条件研究[J].内蒙古煤炭经济,2017(12):155-156.
[32] 李守国,姜文忠,贾宝山,等.低透气性煤层致裂增透技术应用与展望[J].煤炭科学技术,2017,45(6):35-42.
[33] 李文.清洁能源开采利用安全新技术[M].成都:四川人民出版社,2011.
[34] 李文阳,王慎言,赵庆波.中国煤层气勘探与开发[M].徐州:中国矿业大学出版社,2003.
[35] 李相方,石军太,张遂安,等.煤层气赋存与产出理论进展[M].北京:科学出版社,2019.
[36] 梁冰,孙可明.低渗透煤层气开采理论及其应用[M].北京:科学出版社,2006.
[37] 刘波,刘娇.煤层气开采技术应用现状及其改进[J].石化技术,2020,27(12):233-234.
[38] 刘会虎,桑树勋,李梦溪,等.沁水盆地南部煤层气排采井间干扰响应与储层伤害评价[M].合肥:中国科学技术大学出版社,2020.
[39] 刘凯.煤与瓦斯突出矿井采煤工作面注气驱替治理瓦斯试验[J].能源与节能,2020(5):164-166.
[40] 刘升贵,彭智高,唐松磊.沁水盆地煤层气水平井增产机理及排采实践[M].北京:煤炭工业出版社,2017.
[41] 刘升贵,张新亮,袁文峰,等.煤层气井煤粉产出规律及排采管控实践[J].煤炭学报,2012,37(增刊2):412-415.
[42] 刘新福,刘春花,綦耀光.煤层气井排采系统有杆泵运行特性分析[J].机械工程学报,2017,53(8):195-200.
[43] 刘盈,黄俊杰.煤层气开采技术研究进展[J].石化技术,2017,24(1):144.
[44] 刘云亮,张培河.柳林地区煤层气开采动态及单井产量主控因素分析[J].煤田地质与勘探,2016,44(2):34-38.
[45] 娄剑青.影响煤层气井产量的因素分析[J].天然气工业,2004,24(4):62-64.

[46] 罗东坤,褚王涛,吴晓东,等.煤层气钻井技术的经济性分析[J].石油勘探与开发,2009,36(3):403-407.
[47] 罗东坤,吴晓东,张宝生.中国煤层气资源技术经济评价[M].北京:煤炭工业出版社,2010.
[48] 吕玉民,汤达祯,李治平,等.煤层气井动态产能拟合与预测模型[J].煤炭学报,2011,36(9):1481-1485.
[49] 马波,许江,刘龙荣,等.抽采长度对煤层气开采效果的影响分析[J].岩石力学与工程学报,2017,36(1):175-185.
[50] 马东民,马薇,蔺亚兵.煤层气解吸滞后特征分析[J].煤炭学报,2012,37(11):1885-1889.
[51] 马辉,朱景豪.煤层气的开采现状及开采流程分析[J].内蒙古煤炭经济,2018(5):17,25.
[52] 马志宏,郭勇义,吴世跃.注入二氧化碳及氮气驱替煤层气机理的实验研究[J].太原理工大学学报,2001,32(4):335-338.
[53] 梅永贵,郭简,苏雷,等.无杆泵排采技术在沁水煤层气田的应用[J].煤炭科学技术,2016,44(5):64-67.
[54] 苗濛.煤层气开采技术探讨[J].化工管理,2013(22):216-217.
[55] 倪小明,王延斌,李全中.煤层气直井储层改造技术与应用[M].北京:化学工业出版社,2017.
[56] 聂海光,王新河.油气田井下作业修井工程[M].北京:石油工业出版社,2002.
[57] 齐奉中,刘爱平.煤层气井固井技术研究与实践[J].天然气工业,2001,21(1):75-78.
[58] 乔磊,孟国营,范迅,等.煤层气水平井组远距离连通机理模型研究[J].煤炭学报,2011,36(2):199-202.
[59] 乔磊,申瑞臣,黄洪春,等.煤层气多分支水平井钻井工艺研究[J].石油学报,2007,28(3):112-115.
[60] 秦建强,刘小康.煤层气钻井中煤储层的保护措施[J].中国煤炭地质,2008,20(3):67-68.
[61] 秦勇.中国煤层气产业化面临的形势与挑战(Ⅱ):关键科学技术问题[J].天然气工业,2006,26(2):6-10.
[62] 秦勇,傅雪海,韦重韬,等.煤层气成藏动力条件及其控藏效应[M].北京:科学出版社,2018.
[63] 秦勇,罗俊,申建.云南省煤层气资源及开采地质条件[M].徐州:中国矿业大学出版社,2018.
[64] 秦勇,袁亮,胡千庭,等.我国煤层气勘探与开发技术现状及发展方向[J].煤炭科学技术,2012,40(10):1-6.
[65] 屈岩,蔡峰,王平.保护层开采卸压抽放瓦斯技术探究[J].煤炭技术,2016,35(8):186-188.
[66] 全方凯,李鑫,鲁军.原位煤层气排采储层伤害机理与制度优化[J].中国煤层气,2012,9(4):42-44.

[67] 饶孟余,江舒华.煤层气井排采技术分析[J].中国煤层气,2010,7(1):22-25.
[68] 沙艳云,康静文,李凡凡,等.煤层气开采清洁生产审核研究[J].煤炭技术,2018,37(3):323-325.
[69] 师爱华.晋城市煤层气开采项目占用征用林地现状及建议[J].山西林业,2017(3):18-19.
[70] 宋岩,等.煤层气富集高产控制因素及勘探开发基础研究[M].北京:科学出版社,2019.
[71] 宋岩,刘洪林,柳少波,等.中国煤层气成藏地质[M].北京:科学出版社,2018.
[72] 宋岩,张新民,等.煤层气成藏机制及经济开采理论基础[M].北京:科学出版社,2005.
[73] 宋岩,张新民,柳少波,等.中国煤层气地质与开发基础理论[M].北京:科学出版社,2018.
[74] 覃道雄,朱红青,张民波,等.煤层水力压裂增透技术研究与应用[J].煤炭科学技术,2013,41(5):79-81.
[75] 陶梅,李胜,韩军,等.煤层气开采工艺[M].沈阳:辽宁科学技术出版社,2018.
[76] 陶明信,王万春,段毅,等.煤层气的成因和类型及其资源贡献[M].北京:科学出版社,2018.
[77] 万玉金,张劲,王新海,等.煤层气经济开采增产机理研究[M].北京:科学出版社,2011.
[78] 王赶耀,丰庆泰,李平.沿煤层顶板水平井分段压裂煤层气开采技术研究[J].山西大同大学学报(自然科学版),2013,29(4):68-70.
[79] 王广荣,薛东杰,郜海莲,等.煤岩全应力-应变过程中渗透特性的研究[J].煤炭学报,2012,37(1):107-112.
[80] 王怀洪,滕子军,于付国,等.煤层气钻井工程设计与施工[M].徐州:中国矿业大学出版社,2014.
[81] 王连国,缪协兴.岩石渗透率与应力、应变关系的尖点突变模型[J].岩石力学与工程学报,2005,24(23):4210-4214.
[82] 王生维,李瑞,肖宇航.煤层气排采工程[M].武汉:中国地质大学出版社,2019.
[83] 王湘君.国内煤层气开采技术的分析研究[J].化工管理,2017(3):105.
[84] 王钰森,初泰青,冯兆兴.准东地区煤层气开采与利用方法研究[J].科技视界,2017(16):115-116.
[85] 王喆,徐进学.煤层气排采技术[M].北京:石油工业出版社,2013.
[86] 魏刚.红菱煤矿保护层开采裂隙演化规律的相似模拟实验[J].辽宁工程技术大学学报(自然科学版),2012,31(2):185-188.
[87] 温声明.煤层气勘探开发技术[M].北京:石油工业出版社,2019.
[88] 吴佩芳,等.煤层气开发的理论与实践[M].北京:地质出版社,2000.
[89] 夏含峰.水文地质条件对煤层气开采的影响研究[J].能源与环保,2017,39(8):208-212.
[90] 徐超杰,蔡峰.高瓦斯低透煤层深孔预裂爆破增透数值模拟试验[J].煤炭技术,2014,33(4):1-3.
[91] 许江,彭守建,尹光志,等.含瓦斯煤热流固耦合三轴伺服渗流装置的研制及应用[J].岩石力学与工程学报,2010,29(5):907-914.
[92] 许卫,崔庆田,颜明友,等.煤层甲烷气勘探开发工艺技术进展[M].北京:石油工业出版

社，2001.
[93] 薛东杰.煤层气开采增透理论[M].西安：陕西科学技术出版社，2020.
[94] 薛东杰，周宏伟，孔琳，等.采动条件下被保护层瓦斯卸压增透机理研究[J].岩土工程学报，2012，34(10)：1910-1916.
[95] 颜志丰.煤层气开发与开采[M].长春：吉林大学出版社，2017.
[96] 易同生，桑树勋，金军.贵州省煤层气地面抽采关键技术与工程应用[M].徐州：中国矿业大学出版社，2019.
[97] 尹光志，李广治，赵洪宝，等.煤岩全应力-应变过程中瓦斯流动特性试验研究[J].岩石力学与工程学报，2010，29(1)：170-175.
[98] 詹冉.煤层气开采井布置方案优化设计分析[J].能源与节能，2018(11)：190-192.
[99] 张发杰.关于煤层气开采相关问题的对策探析[J].化工管理，2017(3)：47.
[100] 张凤麟.中国煤层气产业化研究[M].北京：地质出版社，2010.
[101] 张洪，张遂安.煤层气开发与开采[M].东营：中国石油大学出版社，2015.
[102] 张丽萍.煤层气开采多场耦合作用机理及应用[M].徐州：中国矿业大学出版社，2015.
[103] 张亮.山西煤层气资源评价及开发利用[M].太原：山西出版集团，山西经济出版社，2007.
[104] 张鹏飞，闫东，卞德存.基于水压致裂的煤层气开采研究[J].煤炭技术，2016，35(10)：56-58.
[105] 张双斌.晋城矿区煤层气地质[M].徐州：中国矿业大学出版社，2016.
[106] 张维，徐华龙.煤层气开采三维动画模拟关键技术[J].煤矿安全，2021，52(6)：158-162.
[107] 张文勇，司磊，郭启文，等.煤层气井液氮伴注压裂增透机制及应用研究[J].煤炭科学技术，2019，47(11)：97-102.
[108] 张志强，赵红超，张晓雷，等.低透性煤层气储层循环冻融增透技术研究[J].煤炭技术，2015，34(11)：144-146.
[109] 赵洁.浅析煤层气开采技术与发展趋势[J].化工管理，2018(13)：219.
[110] 赵文艳.煤层气井水力压裂增透技术应用[J].山西煤炭，2015，35(6)：68-69.
[111] 职天佑.煤层气开采技术探讨[J].内蒙古煤炭经济，2020(4)：190.
[112] 周芳芳，林亮，刘峰，等.排采连续性对煤层气开采的影响[J].辽宁石油化工大学学报，2021，41(4)：46-51.
[113] 周宏伟，张涛，薛东杰，等.长壁工作面覆岩采动裂隙网络演化特征[J].煤炭学报，2011，36(12)：1957-1962.